Aufbau und Anwendung der Skala

Der gesamte Entwicklungszyklus der Pflanzen ist mit Ziffern in aufsteigender Reihenfolge von 0 bis 9 in zehn überschaubare und deutlich voneinander abgrenzbare längere Entwicklungsphasen, den Makrostadien unterteilt (siehe Abbildung 1 a und b). Die Makrostadien sind in Tabelle 1 beschrieben.

Die Makrostadien allein sind für exakte Angaben von Anwendungsterminen oder Datenerfassungen (z. B. Bonituren) nicht geeignet, da sie immer Zeitspannen im Entwicklungsverlauf einer Pflanze beschreiben.

Ist eine präzise Angabe von Zeitpunkten in der Pflanzenentwicklung erforderlich, finden die Mikrostadien Verwendung. Im Gegensatz zu den Makrostadien sind sie als kurze, für die jeweilige Pflanzenart charakteristische Entwicklungsschritte definiert, die im jeweiligen Makrostadium nacheinander durchlaufen werden. Ihre Codierung erfolgt ebenfalls mit den Ziffern 0 bis 9. Beide Ziffern, sowohl für das Makro- als auch für das Mikrostadium, ergeben den zweistelligen Code.

Lediglich bei Kartoffeln kann es notwendig sein, innerhalb des Makro- und Mikrostadiums das Mesostadium einzufügen (dreistelliger Code). Dabei beschreibt das Mesostadium mit den Ziffern 0 und 1 das Entwicklungsgeschehen am Hauptspross und mit den Ziffern 2 bis 9 das der Seitensprosse 2. bis 9. Ordnung. So können am Hauptspross bis zu 19 Blätter gezählt oder das Verzweigungsgeschehen beschrieben werden.

Bei parallelem Verlauf von Entwicklungen können zwei oder mehr Stadien aufgeführt werden, getrennt durch einen Schrägstrich (Beispiel 16/22). Bei der Angabe nur eines Stadiums ist das fortgeschrittenere Entwicklungsstadium zu wählen oder das Stadium, das je nach Pflanzenart von besonderem Interesse ist. Es wird in der Regel nur das Entwicklungsgeschehen am Hauptspross beschrieben.

Die Datenerhebung erfolgt an repräsentativen Einzelpflanzen im Bestand. Bestandesmerkmale können hinzugezogen werden.

Nachernte-Behandlungen werden mit 99 codiert und Saatgutbehandlungen vor der Aussaat mit 00.

Makrostadien zur Beschreibung der phänologischen Entwicklung mono- und dikotyler Pflanzen.

Stadium	Beschreibung
0	Keimung / Austrieb
1	Blattentwicklung (Hauptspross)
2	Bildung von Seitensprossen / Bestockung
3	Längen- bzw. Rosettenwachstum des Hauptsprosses/ Triebentwicklung / Schossen (Haupttrieb)
4	Entwicklung vegetativer Pflanzenteile (Erntegut) bzw. vegetativer Vermehrungsorgane / Ähren- bzw. Rispenschwellen
5	Erscheinen der Blütenanlage (Hauptspross)/Ähren- bzw. Rispenschieben
6	Blüte (Hauptspross)
7	Fruchtentwicklung
8	Frucht- und Samenreife
9	Absterben bzw. Eintreten der Vegetationsruhe

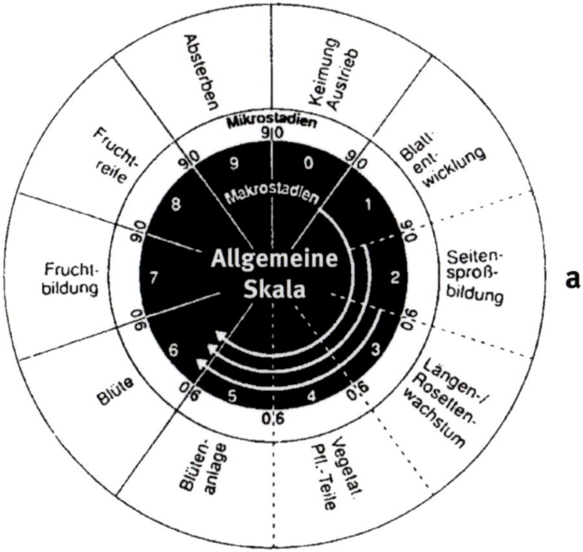

a

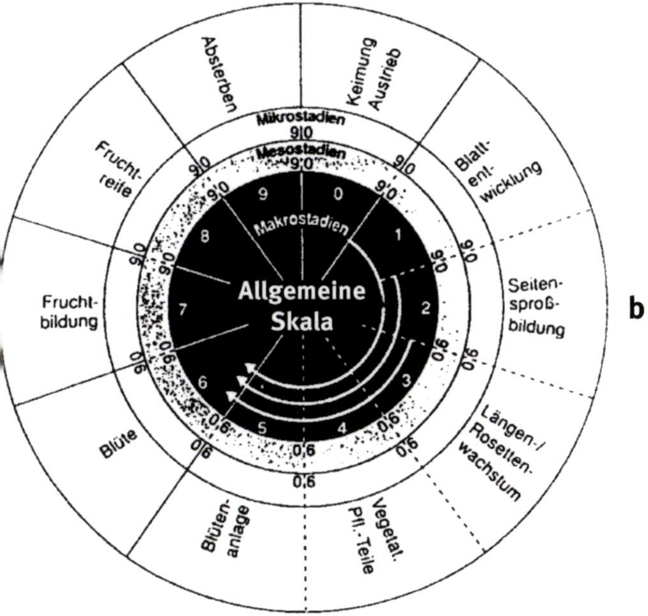

b

Abb. 1 a und b: Unterteilung des pflanzlichen Entwicklungszyklus in *Makro-* und *Mikrostadien* (a), sowie in *Makro-*, *Meso-* und *Mikrostadien* (b). Die *Mesostadien* werden zwischen den *Makro-* und *Mikrostadien* eingefügt. Abgeändert nach einem Entwurf von A. Witzenberger.

Allgemeine Skala

Code		Beschreibung
M =		Monokotyle
G =		Gramineen
D =		Dikotyle
P =		Perennierende Pflanzen / Dauerkulturen
V =		Entwicklung aus vegetativen Überdauerungs- bzw.Vermehrungsorganen
		Gilt die Beschreibung für alle Pflanzengruppen, so wird diese zusätzliche Kennzeichnung weggelassen.

Makrostadium 0: Keimung/Austrieb

00		Trockener Samen (Stadium für die Saatgutbehandlung)
	V	Überdauerungs- bzw. Vermehrungsorgan im Ruhestadium;
	P	Winter- bzw. Vegetationsruhe
01		Beginn der Samenquellung;
	P,V	Beginn des Knospenschwellens
03		Ende der Samenquellung;
	P,V	Ende des Knospenschwellens
05		Keimwurzel aus dem Samen ausgetreten;
	P,V	Überdauerungs- bzw. Vermehrungsorgane beginnen sich zu bewurzeln
06		Keimwurzel verlängert, bildet Wurzelhaare und/oder Seitenwurzeln
07	G	Keimscheide (Koleoptile) aus dem Samen ausgetreten;
	D,M	Hypokotyl mit Keimblättern bzw. Spross hat Samenschale durchbrochen;
	P,V	Beginn des Spross- bzw. Knospenaustriebes
08	D	Hypokotyl mit Keimblättern bzw. Spross wächst zur Bodenoberfläche;
	P,V	Spross wächst zur Bodenoberfläche
09	G	Auflaufen: Keimscheide durchbricht Bodenoberfläche;
	D,M	Auflaufen: Keimblätter durchbrechen Bodenoberfläche (außer bei hypogäischer Keimung);
	D,V	Auflaufen: Spross bzw. Blatt durchbricht die Bodenoberfläche;
	P	Knospen zeigen grüne Spitzen

Allgemeine Skala

Code		Beschreibung
Makrostadium 1: Blattentwicklung (Hauptspross)		
10	G	Erstes Laubblatt aus der Koleoptile ausgetreten;
	D,M	Keimblätter voll entfaltet;
	P	Erste Blätter spreizen sich ab
11		1. Laubblatt bzw. Blattpaar oder Blattquirl entfaltet;
	P	Erste Laubblätter entfaltet
12		2. Laubblatt bzw. Blattpaar oder Blattquirl entfaltet
13		3. Laubblatt bzw. Blattpaar oder Blattquirl entfaltet
		Stadien fortlaufend bis ...
19		9 oder mehr Laubblätter bzw. Blattpaare oder Blattquirle entfaltet
Makrostadium 2: Bildung von Seitensprossen / Bestockung		
21		1. Seitenspross sichtbar;
	G	1. Bestockungstrieb sichtbar
22		2. Seitenspross sichtbar;
	G	2. Bestockungstrieb sichtbar
23		3. Seitenspross sichtbar;
	G	3. Bestockungstrieb sichtbar
		Stadien fortlaufend bis ...
29		9 oder mehr Seitensprosse sichtbar;
	G	9 oder mehr Bestockungstriebe sichtbar
Makrostadium 3: Längen- bzw. Rosettenwachstum des Hauptsprosses / Triebentwicklung / Schossen (Haupttrieb)		
31		10 % des arttypischen max. Längen- bzw. Rosettenwachstums erreicht;
	G	1-Knoten-Stadium
32		20 % des arttypischen max. Längen- bzw. Rosettenwachstums erreicht;
	G	2-Knoten-Stadium
33		30 % des arttypischen max. Längen- bzw. Rosettenwachstums erreicht;
	G	3-Knoten-Stadium
		Stadien fortlaufend bis ...
39		Maximale Länge bzw. Durchmesser erreicht;
	G	9 oder mehr Knoten

Allgemeine Skala

Code		Beschreibung
Makrostadium 4: Entwicklung vegetativer Pflanzenteile (Erntegut) bzw. vegetativer Vermehrungsorgane /Ähren- bzw. Rispenschwellen		
40		Beginn der Entwicklung vegetativen Erntegutes bzw. vegetativer Vermehrungsorgane
41	G	Blattscheide des Fahnenblattes verlängert sich
43		Vegetatives Erntegut bzw. vegetative Vermehrungsorgane haben 30 % der endgültigen Größe erreicht;
	G	Blattscheide des Fahnenblattes beginnt anzuschwellen
45		Vegetatives Erntegut bzw. vegetative Vermehrungsorgane haben 50 % der endgültigen Größe erreicht;
	G	Blattscheide des Fahnenblattes geschwollen
47		Vegetatives Erntegut bzw. vegetative Vermehrungsorgane haben 70 % der endgültigen Größe erreicht;
	G	Blattscheide des Fahnenblattes öffnet sich
49		Vegetatives Erntegut bzw. vegetative Vermehrungsorgane haben endgültige Größe erreicht;
	G	Grannen sichtbar
Makrostadium 5: Erscheinen der Blütenanlage (Hauptspross) Ähren- bzw. Rispenschieben		
51		Blütenanlagen bzw. -knospen sichtbar;
	G	Beginn des Ähren- bzw. Rispenschiebens
55		Erste Einzelblüten sichtbar (geschlossen);
	G	Mitte des Ähren- bzw. Rispenschiebens
59		Erste Blütenblätter sichtbar, Blüten noch geschlossen;
	G	Ende des Ähren- bzw. Rispenschiebens

Allgemeine Skala

Code	Beschreibung
Makrostadium 6: Blüte (Hauptspross)	
60	Vereinzelt erste Blüten offen
61	Beginn der Blüte: 10 % der Blüten offen
62	20 % der Blüten offen
63	30 % der Blüten offen
64	40 % der Blüten offen
65	Vollblüte: 50 % der Blüten offen, erste Blütenblätter können fallen oder vertrocknen
67	Abgehende Blüte: Mehrzahl der Blütenblätter abgefallen oder vertrocknet
69	Ende der Blüte: Fruchtansatz sichtbar
Makrostadium 7: Fruchtentwicklung	
71	10 % der Früchte erreichen art-/sortenspezifische Größe bzw. 10 % der normalen Fruchtgröße erreicht[1]
G	Wasserreife, Korninhalt wässrig
72	20 % der Früchte erreichen art-/sortenspezifische Größe bzw. 20 % der normalen Fruchtgröße erreicht[1]
73	30 % der Früchte erreichen art-/sortenspezifische Größe bzw. 30 % der normalen Fruchtgröße erreicht[1]
G	Frühe Milchreife
74	40 % der Früchte erreichen art-/sortenspezifische Größe bzw. 40 % der normalen Fruchtgröße erreicht[1]
75	50 % der Früchte erreichen art-/sortenspezifische Größe bzw. 50 % der normalen Fruchtgröße erreicht[1]
G	Milchreife, Korninhalt milchig
76	60 % der Früchte erreichen art-/sortenspezifische Größe bzw. 60 % der normalen Fruchtgröße erreicht[1]
77	70 % der Früchte erreichen art-/sortenspezifische Größe bzw. 70 % der normalen Fruchtgröße erreicht[1]
G	Späte Milchreife
78	80 % der Früchte erreichen art-/sortenspezifische Größe bzw. 80 % der normalen Fruchtgröße erreicht[1]
79	nahezu alle Früchte erreichen art- /sortenspezifische Fruchgröße[1]

[1] *Stadium entfällt bei jenen Pflanzen, deren Früchte ihren Hauptzuwachs im Makrostadium 8 haben.*

Allgemeine Skala

Code		Beschreibung
Makrostadium 8: Frucht- und Samenreife		
81		Beginn der Reife bzw. Fruchtausfärbung
85		Fortschreiten der art- /sortentypischen Fruchtausfärbung;
	G	Teigreife, Korninhalt noch weich, aber trocken
87		Verringerung der Fruchtfestigkeit (bei fleischigen Früchten)
89		Vollreife: Art- /Sortentypische Fruchtausfärbung erreicht. Früchte bzw. Fruchtstände lösen sich relativ leicht
Makrostadium 9: Absterben bzw. Eintreten der Vegetationsruhe		
91	P	Holz- bzw. Triebwachstum abgeschlossen, Laub aber noch grün
93		Beginn der Blattverfärbung oder des Blattfalles
95		50 % der Blätter verfärbt oder abgefallen
97		Ende des Blattfalles. Pflanze bzw. oberirdische Teile abgestorben oder im Ruhestadium;
	P	Pflanze in Winter- bzw. Vegetationsruhe
99		Erntegut (Stadium für die Nacherntebehandlung)

Zwiebelgemüse

(Zwiebel = Allium cepa L., Porree = *Allium porrum* L., Knoblauch = *Allium sativum* L., Schalotte = *Allium ascalonicum* auct. non L.*)*

Code		Beschreibung
2- und 3-stellig		
Makrostadium 0: Keimung / Keimpflanzenentwicklung		
00	000	Trockener Samen,[1] Zwiebel im Ruhestadium[2]
01	001	Beginn der Samenquellung[1]
03	003	Ende der Samenquellung[1]
05	005	Keimwurzel aus dem Samen ausgetreten.[1] Beginn der Wurzelentwicklung[2]
07	007	Keimblatt hat Samenschale durchbrochen[1]
09	009	Auflaufen: Keimblatt durchbricht Bodenoberfläche,[1] grüner Austrieb sichtbar[2]
–	010	Keimblatt als Bügel sichtbar[1]
–	011	Bügelstadium: Keimblatt als Bügel ergrünt[1]
–	012	Peitschenstadium: Keimblatt peitschenförmig ausgebildet[1]
2- und 3-stellig		
Makrostadium 1: Blattentwicklung (Hauptspross)		
10	100	Fortgeschrittenes Peitschenstadium: Peitsche beginnt abzusterben[1]
11	101	1. Laubblatt (> 3 cm) deutlich sichtbar
12	102	2. Laubblatt (> 3 cm) deutlich sichtbar
13	103	3. Laubblatt (> 3 cm) deutlich sichtbar
1 .	10 .	Stadien fortlaufend bis ...
19	109	9 oder mehr Laubblätter deutlich sichtbar

[1] *Definition gilt bei Aussaat der Arten*

[2] *Definition gilt für Steckzwiebeln, Knoblauch und Schalotte*

Zwiebelgemüse

(Zwiebel = *Allium cepa* L., Porree = *Allium porrum* L., Knoblauch = *Allium sativum* L., Schalotte = *Allium ascalonicum* auct. non L.)

Code	Beschreibung
Makrostadium 4: Entwicklung vegetativer Pflanzenteile (Erntegut)	
41 401	Beginn der Verdickung bzw. Verlängerung des Blattgrundes
43 403	30 % des zu erwartenden Zwiebel- bzw. Schaftdurchmessers erreicht
45 405	50 % des zu erwartenden Zwiebel- bzw. Schaftdurchmessers erreicht
47 407	Beginn Schlottenknick: bei 10 % der Pflanzen Schlotten geknickt[3] 70 % der zu erwartenden Schaftlänge und des -durchmessers erreicht[4]
48 408	Bei 50 % der Pflanzen Schlotten geknickt[3]
49 409	Zwiebellaub abgestorben; Zwiebelhals trocken; physiologische Ruhe[3] Wachstum abgeschlossen; sortentypische Schaftlänge und -durchmesser erreicht[4]
2- und 3-stellig	
Makrostadium 5: Erscheinen der Blütenanlage (Hauptspross) z. T. 2. Vegetationsjahr	
51 501	Beginn der Verlängerung des Zwiebelkörpers
53 503	30 % der zu erwartenden Länge des Blütensprosses erreicht
55 505	Blütenspross hat volle Länge erreicht; Spatha geschlossen
57 507	Spatha aufgeplatzt
59 509	Erste Blüten voll entwickelt, aber noch geschlossen
2- und 3-stellig	
Makrostadium 6: Blüte (Hauptspross)	
60 600	Vereinzelt erste Blüten offen 61 601 Beginn der Blüte: 10 % der Blüten offen
62 602	20 % der Blüten offen
63 603	30 % der Blüten offen
64 604	40 % der Blüten offen
65 605	Vollblüte: 50 % der Blüten offen
67 607	Abgehende Blüte: 70 % der Blüten verblüht
69 609	Ende der Blüte

3 *Definition gilt für Zwiebeln, Steckzwiebeln und Knoblauch*

4 *Definition gilt für Porree*

Zwiebelgemüse

(Zwiebel = *Allium cepa* L., Porree = *Allium porrum* L., Knoblauch = *Allium sativum* L., Schalotte = *Allium ascalonicum* auct. non L.)

Code		Beschreibung
2- und 3-stellig		
Makrostadium 7: Fruchtentwicklung		
71	701	Erste Kapseln ausgebildet
72	702	20 % der Kapseln ausgebildet
73	703	30 % der Kapseln ausgebildet
74	704	40 % der Kapseln ausgebildet
75	705	50 % der Kapseln ausgebildet
76	706	60 % der Kapseln ausgebildet
77	707	70 % der Kapseln ausgebildet
78	708	80 % der Kapseln ausgebildet
79	709	Kapseln voll entwickelt; Samen hell
2- und 3-stellig		
Makrostadium 8: Frucht- und Samenreife		
81	801	Beginn der Reife: 10 % der Kapseln ausgereift
85	805	Erste Kapseln aufgeplatzt
89	809	Vollreife: Samen schwarz und hart
2- und 3-stellig		
Makrostadium 9: Absterben		
92	902	Beginn der Laub- und Sprossverfärbung
95	905	50 % der Blätter vergilbt bzw. abgestorben
97	907	Pflanze oder oberirdische Teile abgestorben
99	909	Erntegut (Samen)

Zwiebelgemüse

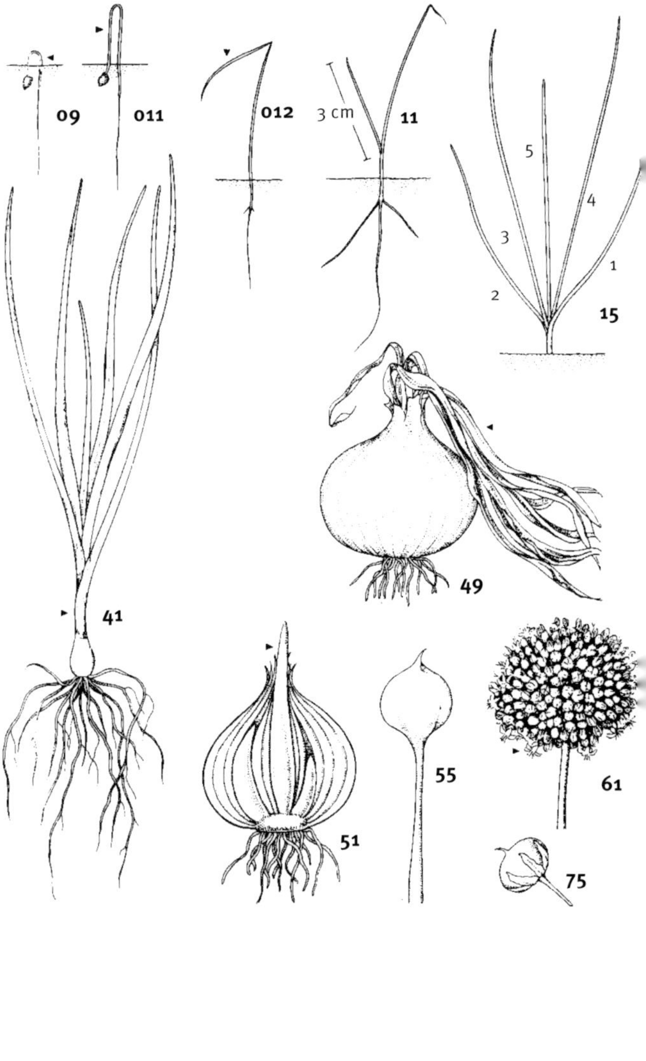

Quelle: 1994: BBA und IVA

Blattgemüse (kopfbildend)

(Kopfkohl = *Brassica oleracea* L. *var. capitata f. alba* und *rubra*, Wirsingkohl = *Brassica oleracea* L. *var. sabauda*, Chinakohl = *Brassica chinensis* L., Kopf- und Eissalat = *Lactuca sativa* L. *var. capitata*, Endivie = *Cichorium endivia* L.)

Code	Beschreibung
Makrostadium 0: Keimung / Keimpflanzenentwicklung	
00	Trockener Samen
01	Beginn der Samenquellung
03	Ende der Samenquellung
05	Keimwurzel aus dem Samen ausgetreten
07	Hypokotyl mit Keimblättern hat Samenschale durchbrochen
09	Auflaufen: Keimblätter durchbrechen Bodenoberfläche
Makrostadium 1: Blattentwicklung (Hauptspross)	
10	Keimblätter voll entfaltet; Vegetationspunkt oder Laubblattansatz sichtbar
11	1. Laubblatt entfaltet
12	2. Laubblatt entfaltet
13	3. Laubblatt entfaltet
	Stadien fortlaufend bis ...
19	9 oder mehr Laubblätter entfaltet
Makrostadium 4: Entwicklung vegetativer Pflanzenteile (Erntegut)	
41	Beginn der Kopfbildung; die zwei jüngsten Blätter entfalten sich sich nicht mehr
42	20 % des zu erwartenden Kopfdurchmessers erreicht
43	30 % des zu erwartenden Kopfdurchmessers erreicht
44	40 % des zu erwartenden Kopfdurchmessers erreicht
45	50 % des zu erwartenden Kopfdurchmessers erreicht
46	60 % des zu erwartenden Kopfdurchmessers erreicht
47	70 % des zu erwartenden Kopfdurchmessers erreicht
48	80 % des zu erwartenden Kopfdurchmessers erreicht
49	art-/sortentypische Größe, Form und Festigkeit erreicht

Blattgemüse (kopfbildend)

(Kopfkohl = *Brassica oleracea* L. *var. capitata f. alba* und *rubra*, Wirsingkohl = *Brassica oleracea* L. *var. sabauda*, Chinakohl = *Brassica chinensis* L., Kopf- und Eissalat = *Lactuca sativa* L. *var. capitata*, Endivie = *Cichorium endivia* L.)

Code	Beschreibung
Makrostadium 5: Erscheinen der Blütenanlage (Hauptspross) z. T. 2. Vegetationsjahr	
51	Beginn der Streckung des Hauptsprosses im Kopf
53	30 % der zu erwartenden Länge des Hauptsprosses erreicht
55	Einzelblüten der Hauptinfloreszenz sichtbar (geschlossen)
57	Einzelblüten der sekundären Infloreszenzen sichtbar (geschlossen)
59	Erste Blüten voll entwickelt, aber noch geschlossen
Makrostadium 6: Blüte (Hauptspross)	
60	Vereinzelt erste Blüten offen
61	Beginn der Blüte: 10 % der Blüten offen
62	20 % der Blüten offen
63	30 % der Blüten offen
64	40 % der Blüten offen
65	Vollblüte: 50 % der Blüten offen
67	Abgehende Blüte: 70 % der Blüten verblüht
69	Ende der Blüte
Makrostadium 7: Fruchtentwicklung	
71	Erste Früchte ausgebildet
72	20 % der Früchte haben artspezifische Größe erreicht
73	30 % der Früchte haben artspezifische Größe erreicht
74	40 % der Früchte haben artspezifische Größe erreicht
75	50 % der Früchte haben artspezifische Größe erreicht
76	60 % der Früchte haben artspezifische Größe erreicht
77	70 % der Früchte haben artspezifische Größe erreicht
78	80 % der Früchte haben artspezifische Größe erreicht
79	Früchte haben artspezifische Größe erreicht

Blattgemüse (kopfbildend)

(Kopfkohl = *Brassica oleracea* L. *var. capitata f. alba* und *rubra*, Wirsingkohl = *Brassica oleracea* L. *var. sabauda*, Chinakohl = *Brassica chinensis* L., Kopf- und Eissalat = *Lactuca sativa* L. *var. capitata*, Endivie = *Cichorium endivia* L.)

Code	Beschreibung
Makrostadium 8: Frucht- und Samenreife	
81	Beginn der Reife: 10 % der Früchte ausgereift bzw. 10 % der Samen art-/sortentypisch gefärbt, trocken und hart
82	20 % der Früchte ausgereift bzw. 20 % der Samen art-/sortentypisch gefärbt, trocken und hart
83	30 % der Früchte ausgereift bzw. 30 % der Samen art-/sortentypisch gefärbt, trocken und hart
84	40 % der Früchte ausgereift bzw. 40 % der Samen art-/sortentypisch gefärbt, trocken und hart
85	50 % der Früchte ausgereift bzw. 50 % der Samen art-/sortentypisch gefärbt, trocken und hart
86	60 % der Früchte ausgereift bzw. 60 % der Samen art-/sortentypisch gefärbt, trocken und hart
87	70 % der Früchte ausgereift bzw. 70 % der Samen art-/sortentypisch gefärbt, trocken und hart
88	80 % der Früchte ausgereift bzw. 80 % der Samen art-/sortentypisch gefärbt, trocken und hart
89	Vollreife: Samen an der gesamten Pflanze art-/sortentypisch ausgefärbt und hart
Makrostadium 9: Absterben	
92	Beginn der Blatt- und Triebverfärbung
95	50 % der Blätter und Stengel vergilbt bzw. abgestorben
97	Pflanze abgestorben
99	Erntegut (Samen)

Blattgemüse (kopfbildend)

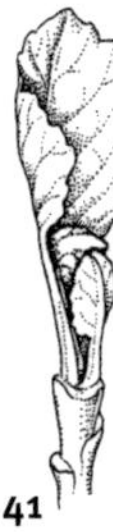
41

09

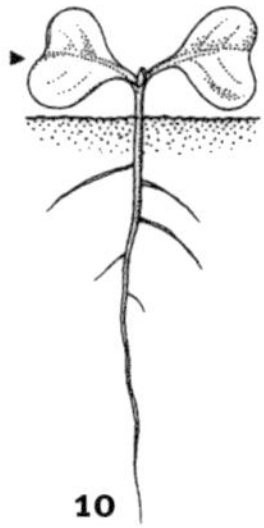
10

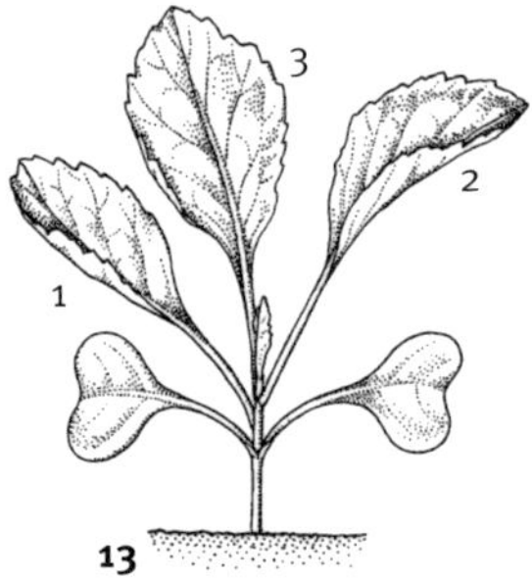

13

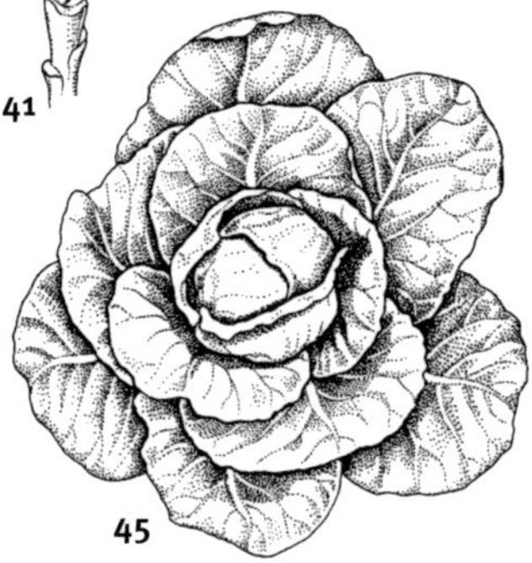
45

49

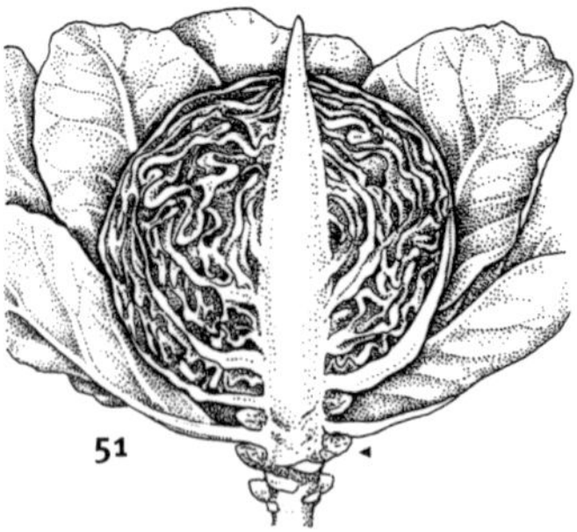
51

61

75

Blattgemüse (nicht kopfbildend)

(Spinat = *Spinacia oleracea* L., Feldsalat = *Valerianella locusta* L., Grünkohl = *Brassica oleracea* L. *var. sabellica*)

Code	Beschreibung
Makrostadium 0: Keimung / Keimpflanzenentwicklung	
00	Trockener Samen
01	Beginn der Samenquellung
03	Ende der Samenquellung
05	Keimwurzel aus dem Samen ausgetreten
07	Hypokotyl mit Keimblättern hat Samenschale durchbrochen
09	Auflaufen: Keimblätter durchbrechen Bodenoberfläche
Makrostadium 1: Blattentwicklung (Hauptspross)	
10	Keimblätter voll entfaltet; Vegetationspunkt oder Laubblattansatz sichtbar
11	1. Laubblatt entfaltet
12	2. Laubblatt entfaltet
13	3. Laubblatt entfaltet
	Stadien fortlaufend bis ...
19	9 oder mehr Laubblätter entfaltet
Makrostadium 3: Längenwachstum (Hauptspross); Rosettenwachstum (Schließen des Bestandes)	
33	30 % des zu erwartenden art-/sortentypischen Durchmessers der Blattrosette erreicht.[1] 30 % der zu erwartenden sortentypischen Länge des Hauptsprosses erreicht.[2]
35	50 % des zu erwartenden art-/sortentypischen Durchmessers der Blattrosette erreicht.[1] 50 % der zu erwartenden sortentypischen Länge des Hauptsprosses erreicht.[2]
37	70 % des zu erwartenden art-/sortentypischen Durchmessers der Blattrosette erreicht.[1] 70 % der zu erwartenden sortentypischen Länge des Hauptsprosses erreicht.[2]
39	Rosettenwachstum abgeschlossen[1] zu erwartende sortentypische Länge des Hauptsprosses erreicht[2]

[1] *Definition gilt für Blattsalate, Spinat und Arten mit Rosettenwachstum*

[2] *Definition gilt für Grünkohl und Arten ohne Rosettenwachstum*

Blattgemüse (nicht kopfbildend)

(Spinat = *Spinacia oleracea* L., Feldsalat = *Valerianella locusta* L., Grünkohl = *Brassica oleracea* L. *var. sabellica*)

Code	Beschreibung
Makrostadium 4: Entwicklung vegetativer Pflanzenteile (Erntegut)	
41	10 % der zu erwartenden art-/sortentypischen Blattfläche erreicht
42	20 % der zu erwartenden art-/sortentypischen Blattfläche erreicht
43	30 %der zu erwartenden art-/sortentypischen Blattfläche erreicht
44	40 % der zu erwartenden art-/sortentypischen Blattfläche erreicht
45	50 % der zu erwartenden art-/sortentypischen Blattfläche erreicht
46	60 % der zu erwartenden art-/sortentypischen Blattfläche erreicht
47	70 % der zu erwartenden art-/sortentypischen Blattfläche erreicht
48	80 % der zu erwartenden art-/sortentypischen Blattfläche erreicht
49	art-/sortentypische Größe erreicht
Makrostadium 5: Erscheinen der Blütenanlage (Hauptspross) z. T. 2. Vegetationsjahr	
51	Beginn der Streckung des Hauptsprosses[1] Hauptinfloreszenz inmitten der obersten Blätter sichtbar[2]
53	30 % der zu erwartenden Länge des Hauptsprosses erreicht
55	Einzelblüten der Hauptinfloreszenz sichtbar (geschlossen)
59	Erste Blüten voll entwickelt, aber noch geschlossen
Makrostadium 6: Blüte (Hauptspross)	
60	Vereinzelt erste Blüten offen
61	Beginn der Blüte: 10 % der Blüten offen
62	20 % der Blüten offen
63	30 % der Blüten offen
64	40 % der Blüten offen
65	Vollblüte: 50 % der Blüten offen
67	Abgehende Blüte: Mehrzahl der Blüten verblüht
69	Ende der Blüte

[1] *Definition gilt für Blattsalate, Spinat und Arten mit Rosettenwachstum*

[2] *Definition gilt für Grünkohl und Arten ohne Rosettenwachstum*

Blattgemüse (nicht kopfbildend)

(Spinat = *Spinacia oleracea* L., Feldsalat = *Valerianella locusta* L., Grünkohl = *Brassica oleracea* L. *var. sabellica*)

Code	Beschreibung
Makrostadium 7: Fruchtentwicklung	
71	Erste Früchte ausgebildet
72	20 % der Früchte haben artspezifische Größe erreicht
73	30 % der Früchte haben artspezifische Größe erreicht
74	40 % der Früchte haben artspezifische Größe erreicht
75	50 % der Früchte haben artspezifische Größe erreicht
76	60 % der Früchte haben artspezifische Größe erreicht
77	70 % der Früchte haben artspezifische Größe erreicht
78	80 % der Früchte haben artspezifische Größe erreicht
79	Früchte haben artspezifische Größe erreicht
Makrostadium 8: Frucht- und Samenreife	
81	Beginn der Reife: 10 % der Früchte ausgereift bzw. 10 % der Samen art-/sortentypisch gefärbt, trocken und hart
82	20 % der Früchte ausgereift bzw. 20 % der Samen art-/sortentypisch gefärbt, trocken und hart
83	30 % der Früchte ausgereift bzw. 30 % der Samen art-/sortentypisch gefärbt, trocken und hart
84	40 % der Früchte ausgereift bzw. 40 % der Samen art-/sortentypisch gefärbt, trocken und hart
85	50 % der Früchte ausgereift bzw. 50 % der Samen art-/sortentypisch gefärbt, trocken und hart
86	60 % der Früchte ausgereift bzw. 60 % der Samen art-/sortentypisch gefärbt, trocken und hart
87	70 % der Früchte ausgereift bzw. 70 % der Samen art-/sortentypisch gefärbt, trocken und hart
88	80 % der Früchte ausgereift bzw. 80 % der Samen art-/sortentypisch gefärbt, trocken und hart
89	Vollreife: Samen an der gesamten Pflanze art-/sortentypisch ausgefärbt und hart

Blattgemüse (nicht kopfbildend)

(Spinat = *Spinacia oleracea* L., Feldsalat = *Valerianella locusta* L., Grünkohl = *Brassica oleracea* L. *var. sabellica*)

Code	Beschreibung
Makrostadium 9: Absterben	
92	Beginn der Blatt- und Triebverfärbung
95	50 % der Blätter und Stengel vergilbt bzw. abgestorben
97	Pflanze abgestorben
99	Erntegut (Samen)

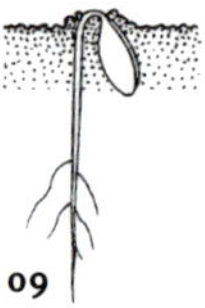

09

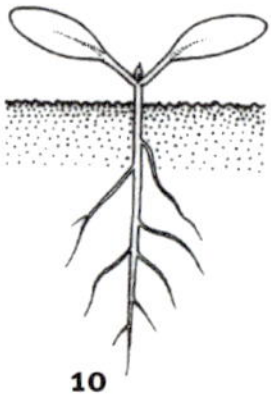

10

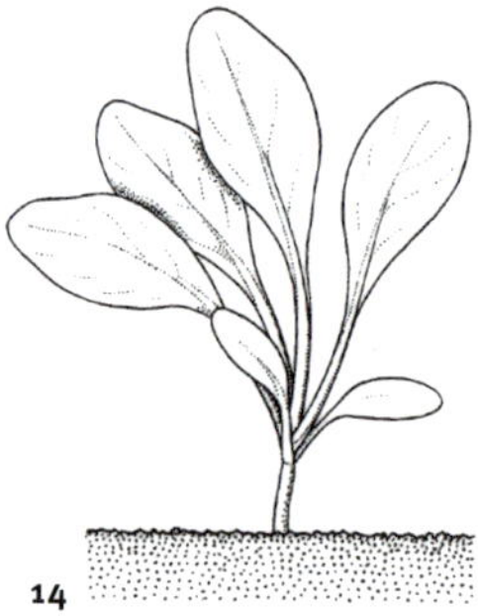

14

49

51

61

Sonstige Kohlgemüsearten

(Rosenkohl = *Brassica oleracea* L. *var. gemmifera* DC./Zenk, Blumenkohl = *Brassica oleracea* L. *var. botrytis*, Brokkoli = *Brassica oleracea* L. *var. italica Plenck*)

Code	Beschreibung
Makrostadium 0: Keimung / Keimpflanzenentwicklung	
00	Trockener Samen
01	Beginn der Samenquellung
03	Ende der Samenquellung
05	Keimwurzel aus dem Samen ausgetreten
07	Hypokotyl mit Keimblättern hat Samenschale durchbrochen
09	Auflaufen: Keimblätter durchbrechen Bodenoberfläche
Makrostadium 1: Blattentwicklung (Hauptspross)	
10	Keimblätter voll entfaltet; Vegetationspunkt oder Laubblattansatz sichtbar
11	1. Laubblatt entfaltet
12	2. Laubblatt entfaltet
13	3. Laubblatt entfaltet
	Stadien fortlaufend bis ...
19	9 oder mehr Laubblätter entfaltet
Makrostadium 2: Bildung von Seitensprossen	
21	1. Seitentrieb sichtbar[1]
22	2. Seitentrieb sichtbar[1]
23	3. Seitentrieb sichtbar[1]
	Stadien fortlaufend bis ...
29	9 oder mehr Seitentriebe sichtbar[1]

[1] *Definition gilt für Brokkoli*

Allgemeine Skala
Zwiebelgemüse
Blattgemüse
Sonstige Kohlgemüsearten
Wurzel- und Knollengemüse
Bohne
Spargel
Gurkengewächse
Nachtschattengewächse
Johannisbeere
Erdbeere
Weinrebe
Kernobst
Steinobst
Rose
Unkräuter

Sonstige Kohlgemüsearten

(Rosenkohl = *Brassica oleracea* L. *var. gemmifera* DC./Zenk, Blumenkohl = *Brassica oleracea* L. *var. botrytis*, Brokkoli = *Brassica oleracea* L. *var. italica Plenck*)

Code	Beschreibung
Makrostadium 3: Längenwachstum (Hauptspross); Rosettenwachstum (Schließen des Bestandes)	
31	10 % der zu erwartenden sortentypischen Länge des Hauptsprosses erreicht[2]
32	20 % der zu erwartenden sortentypischen Länge des Hauptsprosses erreicht[2]
33	30 % der zu erwartenden sortentypischen Länge des Hauptsprosses erreicht[2]
34	40 % der zu erwartenden sortentypischen Länge des Hauptsprosses erreicht[2]
35	50 % der zu erwartenden sortentypischen Länge des Hauptsprosses erreicht[2]
36	60 % der zu erwartenden sortentypischen Länge des Hauptsprosses erreicht[2]
37	70 % der zu erwartenden sortentypischen Länge des Hauptsprosses erreicht[2]
38	80 % der zu erwartenden sortentypischen Länge des Hauptsprosses erreicht[2]
39	zu erwartende sortentypische Länge des Hauptsprosses erreicht[2]

[2] *Definition gilt für Rosenkohl*

Sonstige Kohlgemüsearten

(Rosenkohl = *Brassica oleracea* L. *var. gemmifera* DC./Zenk, Blumenkohl = *Brassica oleracea* L. *var. botrytis*, Brokkoli = *Brassica oleracea* L. *var. italica Plenck*)

Code	Beschreibung
Makrostadium 4: Entwicklung vegetativer Pflanzenteile (Erntegut)	
41	Beginn der Seitenknospenbildung[2] Beginn der Blumenbildung: Vegetationskegelbreite › 1 cm[3]
43	Erste Röschen dicht geschlossen[2] 30 % des zu erwartenden Blumen-Durchmessers erreicht[3]
45	50 % der Röschen dicht geschlossen[2] 50 % des zu erwartenden Blumen-Durchmessers erreicht[3]
46	60 % der Röschen dicht geschlossen[2] 60 % des zu erwartenden Blumen-Durchmessers erreicht[3]
47	70 % der Röschen dicht geschlossen[2] 70 % des zu erwartenden Blumen-Durchmessers erreicht[3]
48	80 % der Röschen dicht geschlossen[2] 80 % des zu erwartenden Blumen-Durchmessers erreicht[3]
49	Röschen unterhalb der Terminalknospe dicht geschlossen[2] art-/sortentypische Größe und Form erreicht; Blume noch fest geschlossen[3]
Makrostadium 5: Erscheinen der Blütenanlage (Hauptspross) z. T. 2. Vegetationsjahr	
51	Hauptinfloreszenz inmitten der obersten Blätter sichtbar[2] Beginn der Streckung der Infloreszenzäste[3]
55	Erste Einzelblüten sichtbar
59	Erste Blüten voll entwickelt, aber noch geschlossen
Makrostadium 6: Blüte (Hauptspross)	
60	Vereinzelt erste Blüten offen
61	Beginn der Blüte: 10 % der Blüten offen
62	20 % der Blüten offen
63	30 % der Blüten offen
64	40 % der Blüten offen
65	Vollblüte: 50 % der Blüten offen
67	Abgehende Blüte: 70 % der Blüten verblüht
69	Ende der Blüte

[2] *Definition gilt für Rosenkohl*

[3] *Definition gilt für Blumenkohl und Brokkoli*

Sonstige Kohlgemüsearten

(Rosenkohl = *Brassica oleracea* L. *var. gemmifera* DC./Zenk, Blumenkohl = *Brassica oleracea* L. *var. botrytis*, Brokkoli = *Brassica oleracea* L. *var. italica Plenck*)

Code	Beschreibung
Makrostadium 7: Fruchtentwicklung	
71	Erste Früchte ausgebildet
72	20 % der Früchte haben artspezifische Größe erreicht
73	30 % der Früchte haben artspezifische Größe erreicht
74	40 % der Früchte haben artspezifische Größe erreicht
75	50 % der Früchte haben artspezifische Größe erreicht
76	60 % der Früchte haben artspezifische Größe erreicht
77	70 % der Früchte haben artspezifische Größe erreicht
78	80 % der Früchte haben artspezifische Größe erreicht
79	Früchte haben artspezifische Größe erreicht
Makrostadium 8: Frucht- und Samenreife	
81	Beginn der Reife: 10 % der Früchte ausgereift
82	20 % der Früchte ausgereift
83	30 % der Früchte ausgereift
84	40 % der Früchte ausgereift
85	50 % der Früchte ausgereift
86	60 % der Früchte ausgereift
87	70 % der Früchte ausgereift
88	80 % der Früchte ausgereift
89	Vollreife: Samen an der gesamten Pflanze art-/sortentypisch ausgefärbt und hart
Makrostadium 9: Absterben	
92	Beginn der Blatt- und Triebverfärbung
95	50 % der Blätter und Stengel vergilbt bzw. abgestorben
97	Pflanze abgestorben
99	Erntegut (Samen)

Sonstige Kohlgemüsearten

09

10

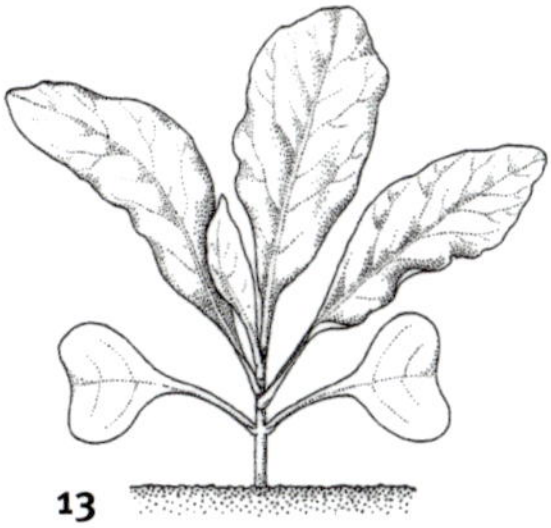

13

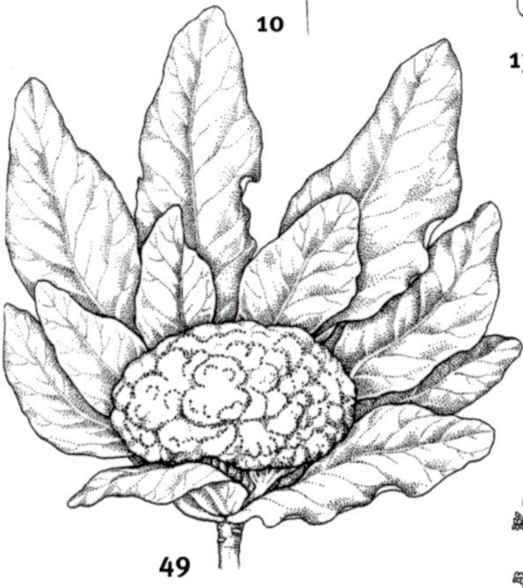

49

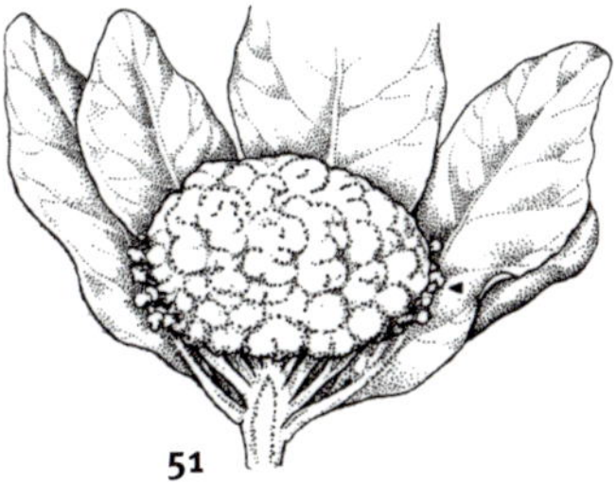

51

61

Wurzel- und Knollengemüse

(Möhre = *Daucus carota* L. ssp. sativus, Knollensellerie = *Apium graveolens* L. var. rapaceum Gaud., Kohlrabi = *Brassica oleracea* L. var. gongylodes, Rettich und Radies = *Raphanus sativus* L. ssp., Kohlrübe = *Brassica napus* L. ssp. rapifera Metzg., Chicoree = *Cichorium intybus* L. var.foliosum, Schwarzwurzel = *Scorzonera hispanica* L.)

Code	Beschreibung
Makrostadium 0: Keimung / Keimpflanzenentwicklung	
00	Trockener Samen
01	Beginn der Samenquellung
03	Ende der Samenquellung
05	Keimwurzel aus dem Samen ausgetreten
07	Hypokotyl mit Keimblättern hat Samenschale durchbrochen
09	Auflaufen: Keimblätter durchbrechen Bodenoberfläche
Makrostadium 1: Blattentwicklung (Hauptspross)	
10	Keimblätter voll entfaltet; Vegetationspunkt oder Laubblattansatz sichtbar
11	1. Laubblatt entfaltet
12	2. Laubblatt entfaltet
13	3. Laubblatt entfaltet
1 .	Stadien fortlaufend bis ...
19	9 oder mehr Laubblätter entfaltet

Wurzel- und Knollengemüse

(Möhre = *Daucus carota* L. ssp. sativus, Knollensellerie = *Apium graveolens* L. var. rapaceum Gaud., Kohlrabi = *Brassica oleracea* L. var. gongylodes, Rettich und Radies = *Raphanus sativus* L. ssp., Kohlrübe = *Brassica napus* L. ssp. rapifera Metzg., Chicoree = *Cichorium intybus* L. var.foliosum, Schwarzwurzel = *Scorzonera hispanica* L.)

Code	Beschreibung
Makrostadium 4: Entwicklung vegetativer Pflanzenteile (Erntegut)	
41	Beginn des Dickenwachstums der Rübe, Wurzel bzw. Knolle (Durchmesser › 0.5 cm)
42	20 % des zu erwartenden Rüben-, Wurzel- bzw. Knollendurchmessers erreicht
43	30 % des zu erwartenden Rüben-, Wurzel- bzw. Knollendurchmessers erreicht
44	40 % des zu erwartenden Rüben-, Wurzel- bzw. Knollendurchmessers erreicht
45	50 % des zu erwartenden Rüben-, Wurzel- bzw. Knollendurchmessers erreicht
46	60 % des zu erwartenden Rüben-, Wurzel- bzw. Knollendurchmessers erreicht
47	70 % des zu erwartenden Rüben-, Wurzel- bzw. Knollendurchmessers erreicht
48	80 % des zu erwartenden Rüben-, Wurzel- bzw. Knollendurchmessers erreicht
49	Dickenwachstum abgeschlossen; art-/sortentypische Form und Größe der Rübe, Wurzel bzw. Knolle erreicht
Makrostadium 5: Erscheinen der Blütenanlage (Hauptspross) z. T. 2. Vegetationsjahr	
51	Beginn der Streckung des Hauptsprosses
53	30 % der zu erwartenden Länge des Hauptsprosses erreicht
55	Einzelblüten der Hauptinfloreszenz sichtbar (geschlossen)
57	Einzelblüten der sekundären Infloreszenzen sichtbar (geschlossen)
59	Erste Blüten voll entwickelt, aber noch geschlossen

Wurzel- und Knollengemüse

(Möhre = *Daucus carota* L. ssp. sativus, Knollensellerie = *Apium graveolens* L. var. rapaceum Gaud., Kohlrabi = *Brassica oleracea* L. var. gongylodes, Rettich und Radies = *Raphanus sativus* L. ssp., Kohlrübe = *Brassica napus* L. ssp. rapifera Metzg., Chicoree = *Cichorium intybus* L. var.foliosum, Schwarzwurzel = *Scorzonera hispanica* L.)

Code	Beschreibung
Makrostadium 6: Blüte (Hauptspross)	
60	Vereinzelt erste Blüten offen
61	Beginn der Blüte: 10 % der Blüten offen
62	20 % der Blüten offen
63	30 % der Blüten offen
64	40 % der Blüten offen
65	Vollblüte: 50 % der Blüten offen
67	Abgehende Blüte: 70 % der Blüten verblüht
69	Ende der Blüte
Makrostadium 7: Fruchtentwicklung	
71	Erste Früchte ausgebildet
72	20 % der Früchte haben artspezifische Größe erreicht
73	30 % der Früchte haben artspezifische Größe erreicht
74	40 % der Früchte haben artspezifische Größe erreicht
75	50 % der Früchte haben artspezifische Größe erreicht
76	60 % der Früchte haben artspezifische Größe erreicht
77	70 % der Früchte haben artspezifische Größe erreicht
78	80 % der Früchte haben artspezifische Größe erreicht
79	Früchte haben artspezifische Größe erreicht

Wurzel- und Knollengemüse

09

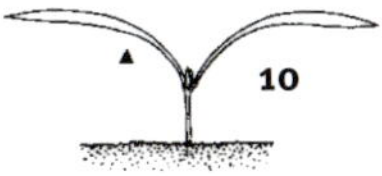

10

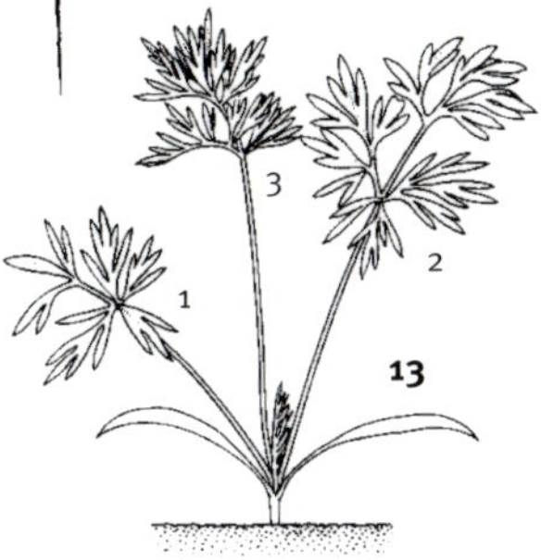

13

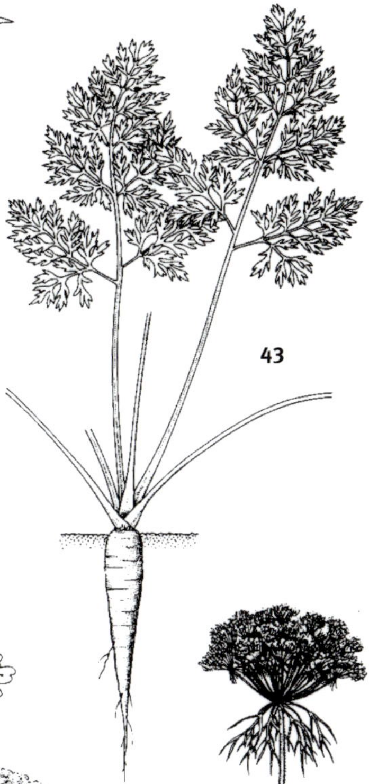

43

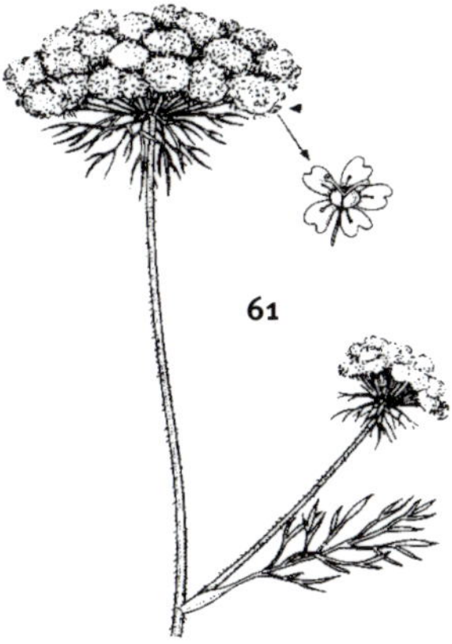

61

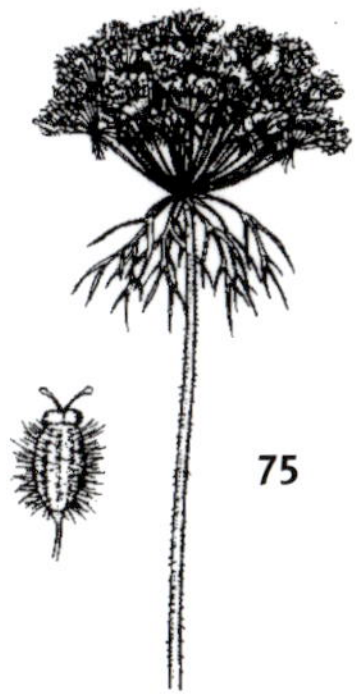

75

Bohne

(Buschbohne = *Phaseolus vulgaris* L. var. nanus,
Stangenbohne = *Phaseolus vulgaris* L. var. vulgaris)

Code	Beschreibung
Makrostadium 0: Keimung	
00	Trockener Samen
01	Beginn der Samenquellung
03	Ende der Samenquellung
05	Keimwurzel aus dem Samen ausgetreten
07	Hypokotyl mit Keimblättern hat Samenschale durchbrochen
08	Hypokotyl mit Keimblättern wächst zur Bodenoberfläche
09	Auflaufen: Hypokotyl mit Keimblättern durchbricht Bodenoberfläche
Makrostadium 1: Blattentwicklung (Hauptspross)	
10	Keimblätter voll entfaltet
12	2 ganzrandige Laubblätter (1. Blattpaar) entfaltet
13	3. Laubblatt (1. gefiedertes Blatt) entfaltet
1 .	Stadien fortlaufend bis ...
19	9 oder mehr Laubblätter (2 ganzrandige, 7 oder mehr gefiederte) entfaltet
Makrostadium 2: Entwicklung von Seitensprossen	
21	1. Seitenspross sichtbar
22	2. Seitenspross sichtbar
23	3. Seitenspross sichtbar 2 . Stadien fortlaufend bis ...
29	9 oder mehr Seitensprosse sichtbar
Makrostadium 5: Entwicklung der Blütenanlagen	
51	Erste Blütenknospen sichtbar
55	Erste Blütenknospen vergrößert
59	Erste Blütenblätter sichtbar; Blüten noch geschlossen

Bohne

(Buschbohne = *Phaseolus vulgaris* L. var. nanus,
Stangenbohne = *Phaseolus vulgaris* L. var. vulgaris)

Code	Beschreibung
Makrostadium 6: Blüte	
60	Vereinzelt erste offene Blüten im Bestand
61	Beginn der Blüte: 10 % der Blüten offen[1] Beginn der Blüte[2]
62	20 % der Blüten offen[1]
63	30 % der Blüten offen[1]
64	40 % der Blüten offen[1]
65	Vollblüte: 50 % der Blüten offen[1] Hauptphase der Blüte[2]
67	Abgehende Blüte: Mehrzahl der Blüten hat geblüht[1]
69	Ende der Blüte; erste Hülsen sichtbar (5 mm lang)[1]
Makrostadium 7: Fruchtentwicklung	
71	10 % der Hülsen haben sortentypische Länge erreicht[1] Beginn der Hülsenentwicklung[2]
72	20 % der Hülsen haben sortentypische Länge erreicht[1]
73	30 % der Hülsen haben sortentypische Länge erreicht[1]
74	40 % der Hülsen haben sortentypische Länge erreicht[1]
75	50 % der Hülsen haben sortentypische Länge erreicht, Beginn der Samenfüllung,[1] Hauptphase der Hülsenentwicklung[2]
76	60 % der Hülsen haben sortentypische Länge erreicht[1]
77	70 % der Hülsen haben sortentypische Länge erreicht, Hülsen noch glatt brechend[1]
78	80 % der Hülsen haben sortentypische Länge erreicht[1]
79	Hülsen: Kornmarkierung gut sichtbar[1]

[1] *Definition gilt für Sorten mit zeitlich begrenzter Blühdauer*
[2] *Definition gilt für Sorten mit zeitlich nicht begrenzter Blühdauer*

Bohne

(Buschbohne = *Phaseolus vulgaris* L. var. nanus, Stangenbohne = *Phaseolus vulgaris* L. var. vulgaris)

Code	Beschreibung
Makrostadium 8: Frucht- und Samenreife	
81	10 % der Hülsen sind ausgereift (Bohnen hart)[1] Beginn der Samenreife[2]
82	20 % der Hülsen sind ausgereift (Bohnen hart)[1]
83	30 % der Hülsen sind ausgereift (Bohnen hart)[1]
84	40 % der Hülsen sind ausgereift (Bohnen hart)[1]
85	50 % der Hülsen sind ausgereift (Bohnen hart)[1] Hauptphase der Samenreife[2]
86	60 % der Hülsen sind ausgereift (Bohnen hart)[1]
87	70 % der Hülsen sind ausgereift (Bohnen hart)[1]
88	80 % der Hülsen sind ausgereift (Bohnen hart)[1]
89	Vollreife: Hülsen sind ausgereift (Bohnen hart)[1]
Makrostadium 9: Absterben	
97	Pflanze abgestorben
99	Erntegut
Makrostadium 8: Frucht- und Samenreife	
81	Beginn der Reife: 10 % der Früchte ausgereift bzw. 10 % der Samen art-/sortentypisch gefärbt, trocken und hart
85	50 % der Früchte ausgereift bzw. 50 % der Samen art-/sortentypisch gefärbt, trocken und hart
89	Vollreife: Samen an der gesamten Pflanze art-/sortentypisch ausgefärbt und hart
Makrostadium 9: Absterben	
92	Beginn der Blatt- und Triebverfärbung
95	50 % der Blätter und Stengel vergilbt bzw. abgestorben
97	Pflanze oder oberirdische Teile abgestorben
99	Erntegut (Samen)

[1] *Definition gilt für Sorten mit zeitlich begrenzter Blühdauer*

[2] *Definition gilt für Sorten mit zeitlich nicht begrenzter Blühdauer*

Bohne

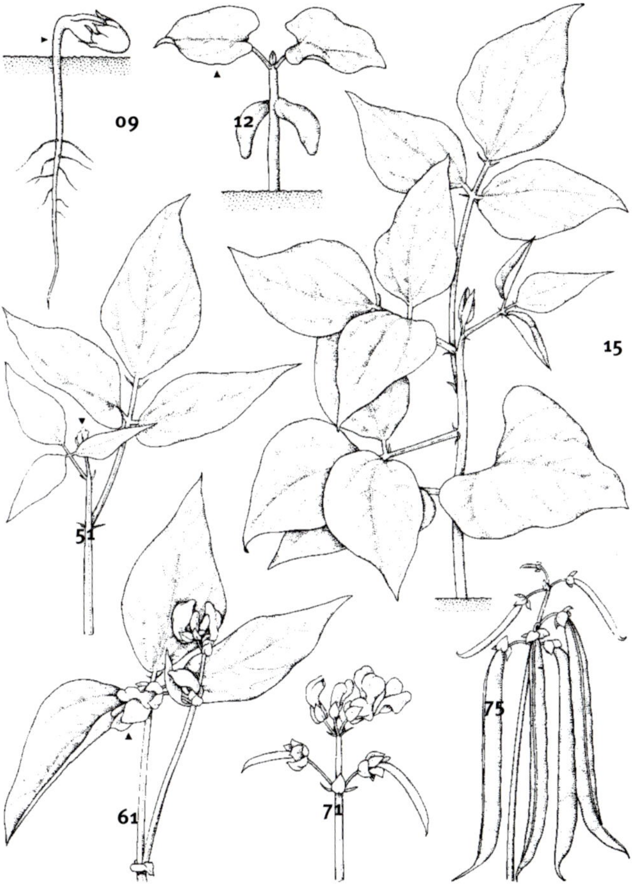

Spargel (*Asparagus officinalis* L.)

Code	Beschreibung
Makrostadium 0: Keimung / Austrieb	
00	Rhizom: Ruhestadium Samen: Trockener Samen
01	Rhizom: Erste Stange sichtbar (< 5 mm) Samen: Beginn der Samenquellung
03	Samen: Ende der Samenquellung
05	Samen: Keimwurzel aus dem Samen ausgetreten
06	Rhizom: Beginn des Stangenwachstums Samen: Keimwurzel verlängert, bildet Wurzelhaare und/oder Seitenwurzeln
07	Rhizom: Stangen wachsen zur Bodenoberfläche Samen: Spitze hat Samenschale durchbrochen
08	Rhizom: Stangen kurz vor dem Durchbruch der Bodenoberfläche
09	Rhizom: Stange durchbricht die Bodenoberfläche Samen: Auflaufen: Spross durchbricht die Bodenoberfläche
Makrostadium 1: Sämlingsentwicklung	
11	Erste Phyllokladie vollständig vom ersten Spross abgespreizt
11	Erste Phyllokladie vollständig vom zweiten Spross abgespreizt
13	Erste Phyllokladie vollständig vom dritten Spross abgespreizt
1X	Erste Phyllokladie vollständig vom Xth Spross abgespreizt
19	Erste Phyllokladie vollständig vom neunten Spross abgespreizt
Makrostadium 2: Bildung von Seitentrieben (> 5 cm)	
21	1–5 Seitentriebe
22	6–10 Seitentriebe
23	11–15 Seitentriebe
24	16–20 Seitentriebe
25	21–25 Seitentriebe
26	26–30 Seitentriebe
27	31–35 Seitentriebe
28	36–40 Seitentriebe
29	mehr als 40 Seitentriebe

Spargel *(Asparagus officinalis L.)*

Code	Beschreibung
Makrostadium 3: Längenwachstum	
31	Sprosse bis zu 10 cm lang
32	Sprosse bis zu 20 cm lang
33	Sprosse bis zu 30 cm lang (Ernte von Grünspargel)
34	Längster Spross bis 40 cm hoch
35	Längster Spross bis 80 cm hoch (max. Höhe für die Traktordurchfahrt)
36	Längster Spross bis 120 cm hoch
37	Längster Spross bis 160 cm hoch
38	Längster Spross bis 200 cm hoch
39	Wachstum des längsten Sprosses abgeschlossen
Makrostadium 5: Erscheinen der Blütenanlage	
51	Erste Blütenanlagen bzw. -knospen sichtbar
55	Erste Blütenstiele deutlich gestreckt (erste Phyllokladien sichtbar)
59	Erste Blütenblätter sichtbar, Blüten noch geschlossen
Makrostadium 6: Blüte	
60	Erste Blüten offen
61	Beginn der Blüte: 10 % der Blüten offen
63	etwa 30 % der Blüten offen
65	Vollblüte: etwa 50 % der Blüten offen
67	Abgehende Blüte: Mehrzahl der Blütenblätter abgefallen oder vertrocknet
69	Ende der Blüte
Makrostadium 7: Fruchtentwicklung	
70	Erste Früchte sichtbar
75	50 % der Früchte haben endgültige Größe erreicht
79	Fast alle Früchte haben endgültige Größe erreicht

Spargel *(Asparagus officinalis L.)*

Code	Beschreibung
Makrostadium 8: Fruchtreife	
81	Früchte noch grün
83	Beginn der Fruchtausfärbung (Früchte gelb)
85	Erweiterte Fruchtausfärbung (Früchte gelb-rötlich)
86	Fortgeschrittene Fruchtausfärbung, nahezu alle Früchte rot
87	Nahezu alle Früchte dunkelrot, noch nicht geplatzt
Makrostadium 9: Absterben, Beginn der Vegetationsruhe	
91	10 % der Phyllokladien verfärbt (gelb)
92	50 % der Phyllokladien verfärbt (gelb)
93	Alle Phyllokladien sind gelb und fallen ab
95	Seitentriebe sind verfärbt
97	oberirdische Pflanzenteile abgestorben

Spargel

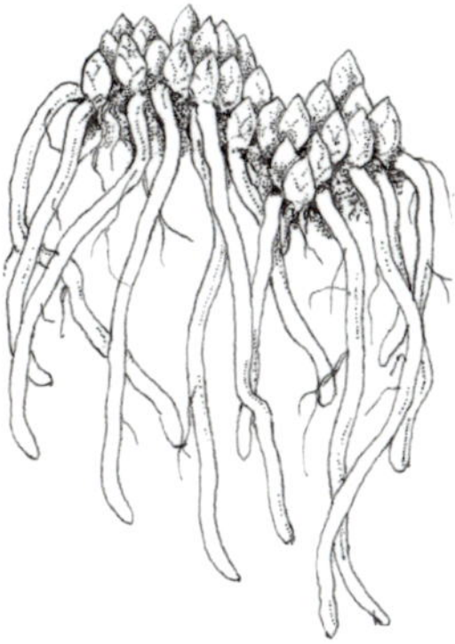

01

09

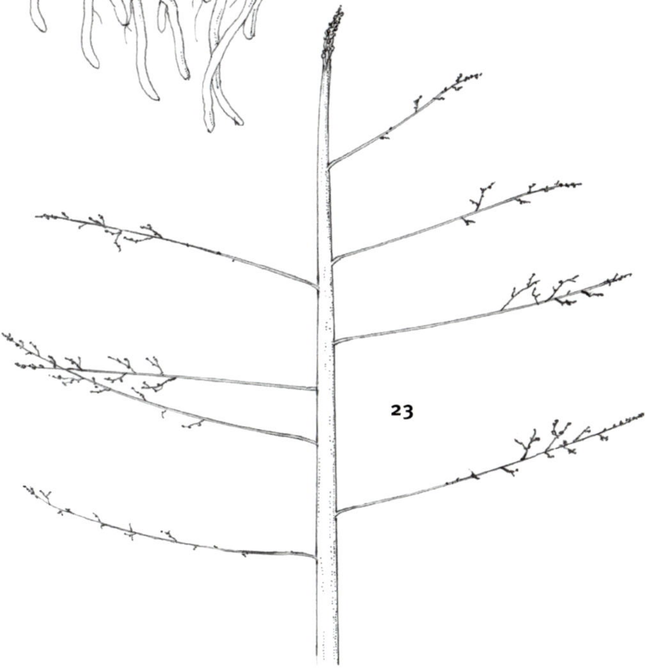

23

Spargel

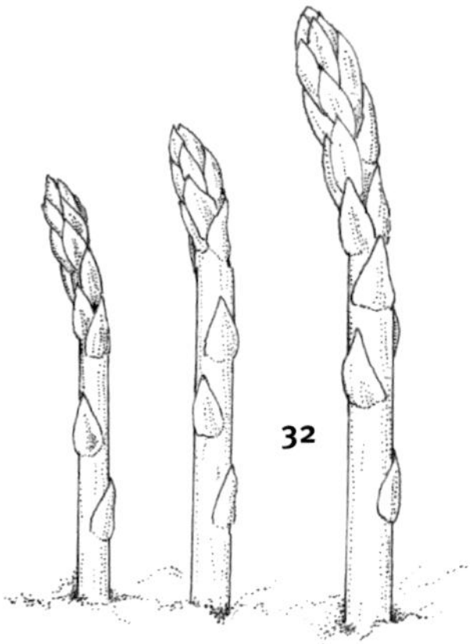

32

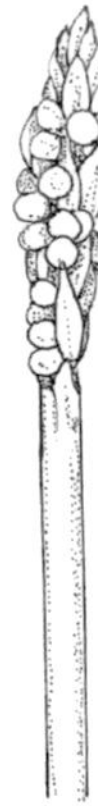

51

55

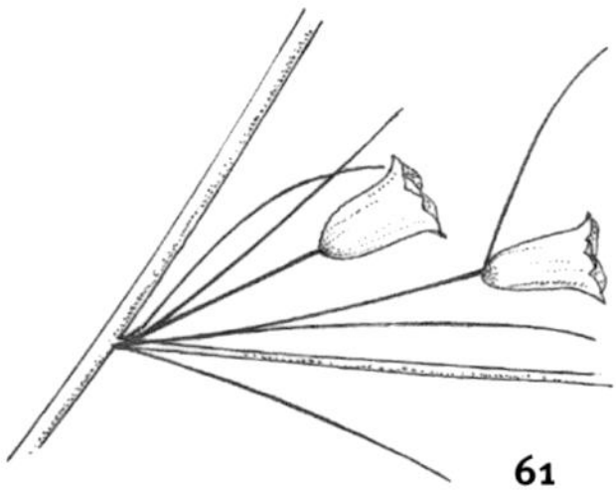

61

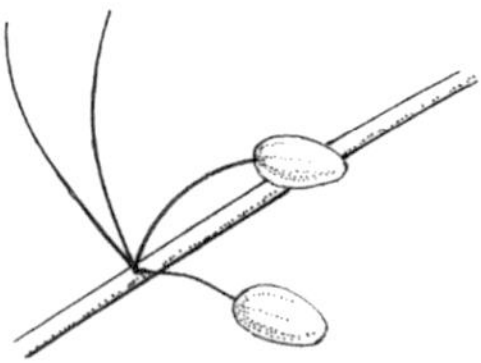

59

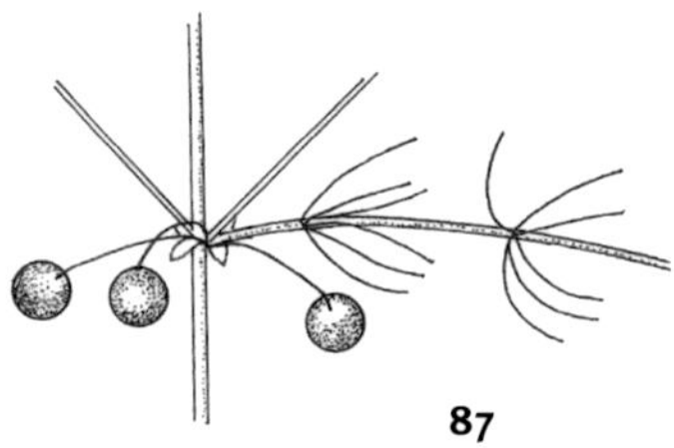

87

Gurkengewächse

(Gurke = *Cucumis sativus* L., Melone = *Cucumis melo* L., Kürbis = *Cucurbita pepo* L., Flaschenkürbis = *Cucurbita pepo* L. var. *giromontiina Alef./Greb.*, Wassermelone = *Citrullus* var. *vulgaris* Schad.)

Code		Beschreibung
2- und 3-stellig		
Makrostadium 0: Keimung		
00	000	Trockener Samen
01	001	Beginn der Samenquellung
03	003	Ende der Samenquellung
05	005	Keimwurzel aus dem Samen ausgetreten
07	007	Hypokotyl mit Keimblättern hat Samenschale durchbrochen
09	009	Auflaufen: Keimblätter durchbrechen Bodenoberfläche
2- und 3-stellig		
Makrostadium 1: Blattentwicklung (Hauptspross)		
10	100	Keimblätter voll entfaltet
11	101	1. Laubblatt am Hauptspross entfaltet
12	102	2. Laubblatt am Hauptspross entfaltet
13	103	3. Laubblatt am Hauptspross entfaltet
1 .	10 .	Stadien fortlaufend bis ...
19	109	9 oder mehr Laubblätter entfaltet (2-stellig) 9. Laubblatt entfalltet (3-stellig)
–	110	10. Laubblatt entfaltet
–	11 .	Stadien fortlaufend bis ...
–	119	19. Laubblatt entfaltet
2- und 3-stellig		
Makrostadium 2: Entwicklung von Seitensprossen		
21	201	1. Seitenspross 1. Ordnung sichtbar
22	202	2. Seitenspross 1. Ordnung sichtbar
2 .	20 .	Stadien fortlaufend bis ...
29	209	9 oder mehr Seitensprosse 1. Ordnung sichtbar
–	221	1. Seitenspross 2. Ordnung sichtbar
–	22 .	Stadien fortlaufend bis ...
–	229	9. Seitenspross 2. Ordnung sichtbar
–	231	1. Seitenspross 3. Ordnung sichtbar

Gurkengewächse

(Gurke = *Cucumis sativus* L., Melone = *Cucumis melo* L., Kürbis = *Cucurbita pepo* L., Flaschenkürbis = *Cucurbita pepo* L. var. *giromontiina Alef./Greb.*, Wassermelone = *Citrullus* var. *vulgaris* Schad.)

Code		Beschreibung
2- und 3-stellig		
Makrostadium 5: Entwicklung der Blütenanlagen		
51	501	1. Blütenansatz mit verlängertem Fruchtknoten am Hauptspross sichtbar
52	502	2. Blütenansatz mit verlängertem Fruchtknoten am Hauptspross sichtbar
53	503	3. Blütenansatz mit verlängertem Fruchtknoten am Hauptspross sichtbar
5 .	50.	Stadien fortlaufend bis ...
59	509	9 oder mehr Blütenansätze mit verlängertem Fruchtknoten am Hauptspross sichtbar
–	510	10 oder mehr Blütenansätze mit verlängertem Fruchtknoten am Hauptspross sichtbar
–	51 .	Stadien fortlaufend bis ...
–	519	19 oder mehr Blütenansätze mit verlängertem Fruchtknoten am Hauptspross sichtbar
–	521	1. Blütenansatz an einem Seitenspross 2. Ordnung sichtbar
–	531	1. Blütenansatz an einem Seitenspross 3. Ordnung sichtbar
2- und 3-stellig		
Makrostadium 6: Blüte		
61	601	1. Blüte am Hauptspross offen
62	602	2. Blüte am Hauptspross offen
63	603	3. Blüte am Hauptspross offen
6 .	60 .	Stadien fortlaufend bis ...
69	609	9. Blüte am Hauptspross offen oder 9 Blüten am Hauptspross bereits geöffnet
–	610	10. Blüte am Hauptspross offen oder 10 Blüten am Hauptspross bereits geöffnet
–	61 .	Stadien fortlaufend bis ...
–	619	19. Blüte am Hauptspross offen oder mehr als 19 Blüten am Hauptspross bereits geöffnet
–	621	1. Blüte an einem Seitenspross 2. Ordnung offen
–	631	1. Blüte an einem Seitenspross 3. Ordnung offen

Gurkengewächse

(Gurke = *Cucumis sativus* L., Melone = *Cucumis melo* L., Kürbis = *Cucurbita pepo* L., Flaschenkürbis = *Cucurbita pepo* L. var. *giromontiina Alef./Greb.*, Wassermelone = *Citrullus* var. *vulgaris* Schad.)

Code		Beschreibung
2- und 3-stellig		
Makrostadium 7: Fruchtentwicklung		
71	701	1. Frucht am Hauptspross hat art-/sortentypische Größe und Form erreicht
72	702	2. Frucht am Hauptspross hat art-/sortentypische Größe und Form erreicht
73	703	3. Frucht am Hauptspross hat art-/sortentypische Größe und Form erreicht
7 .	70 .	Stadien fortlaufend bis ...
79	709	9 oder mehr Früchte am Hauptspross haben art-/sortentypische Größe und Form erreicht
–	721	1. Frucht an einem Seitenspross 2. Ordnung hat art-/sortentypische Größe und Form erreicht
–	731	1. Frucht an einem Seitenspross 3. Ordnung hat art-/sortentypische Größe und Form erreicht

Gurkengewächse

(Gurke = *Cucumis sativus* L., Melone = *Cucumis melo* L.,
Kürbis = *Cucurbita pepo* L., Flaschenkürbis = *Cucurbita pepo* L. var. *giromontiina Alef./Greb.*, Wassermelone = *Citrullus* var. *vulgaris* Schad.)

Code		Beschreibung
2- und 3-stellig		
Makrostadium 8: Frucht- und Samenreife		
81	801	10 % der Früchte haben art-/sortentypische Fruchtausfärbung erreicht
82	802	20 % der Früchte haben art-/sortentypische Fruchtausfärbung erreicht
83	803	30 % der Früchte haben art-/sortentypische Fruchtausfärbung erreicht
84	804	40 % der Früchte haben art-/sortentypische Fruchtausfärbung erreicht
85	805	50 % der Früchte haben art-/sortentypische Fruchtausfärbung erreicht
86	806	60 % der Früchte haben art-/sortentypische Fruchtausfärbung erreicht
87	807	70 % der Früchte haben art-/sortentypische Fruchtausfärbung erreicht
88	808	80 % der Früchte haben art-/sortentypische Fruchtausfärbung erreicht
89	809	Vollreife: Früchte haben art-/sortentypische Fruchtausfärbung erreicht
2- und 3-stellig		
Makrostadium 9: Absterben		
97	907	Pflanze abgestorben
99	909	Erntegut (Samen)

Gurkengewächse

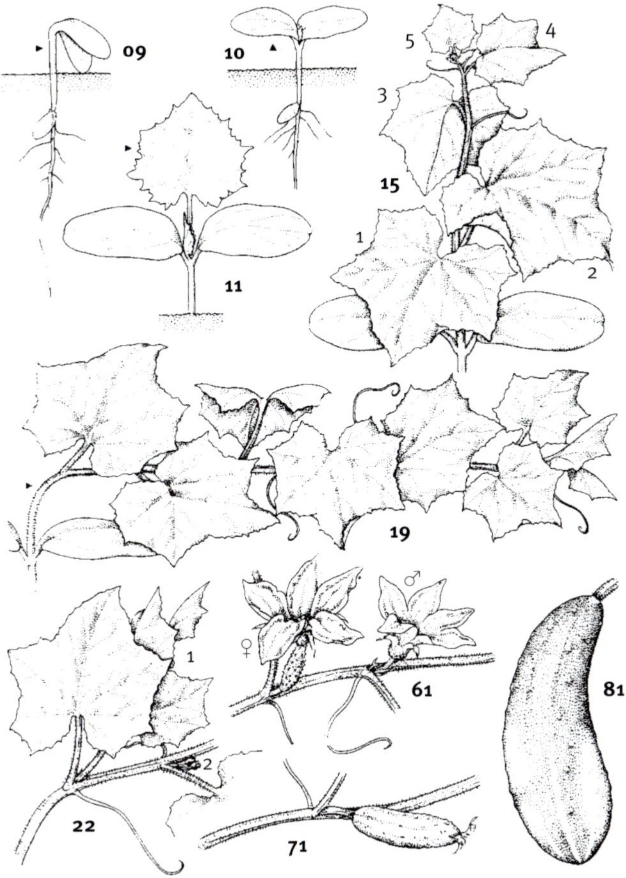

Allgemeine Skala
Zwiebelgemüse
Blattgemüse
Sonstige Kohlgemüsearten
Wurzel- und Knollengemüse
Bohne
Spargel
Gurkengewächse
Nachtschattengewächse
Johannisbeere
Erdbeere
Weinrebe
Kernobst
Steinobst
Rose
Unkräuter

Nachtschattengewächse

(Tomate = *Lycopersicon esculentum* Mill.,
Aubergine = *Solanum melongena* L., Paprika = *Capsicum annuum* L.)

Code		Beschreibung
2- und 3-stellig		
Makrostadium 0: Keimung		
00	000	Trockener Samen
01	001	Beginn der Samenquellung
03	003	Ende der Samenquellung
05	005	Keimwurzel aus dem Samen ausgetreten
07	007	Hypokotyl mit Keimblättern hat Samenschale durchbrochen
09	009	Auflaufen: Keimblätter durchbrechen Bodenoberfläche
2- und 3-stellig		
Makrostadium 1: Blattentwicklung (Hauptspross)		
10	100	Keimblätter voll entfaltet
11	101	1. Laubblatt am Hauptspross entfaltet
12	102	2. Laubblatt am Hauptspross entfaltet
13	103	3. Laubblatt am Hauptspross entfaltet
1 .	10 .	Stadien fortlaufend bis ...
19	109	9 oder mehr Laubblätter entfaltet
2- und 3-stellig		
Makrostadium 2: Entwicklung von Seitensprossen[1]		
21	201	1. apikaler Seitenspross 1. Ordnung sichtbar
22	202	2. apikaler Seitenspross 1. Ordnung sichtbar
2 .	20 .	Stadien fortlaufend bis ...
29	209	9 oder mehr apikale Seitensprosse 1. Ordnung
–	221	1. apikaler Seitenspross 2. Ordnung sichtbar
–	22 .	Stadien fortlaufend bis ...
–	229	9. apikaler Seitenspross 2. Ordnung sichtbar
–	231	1. apikaler Seitenspross 3. Ordnung sichtbar
–	23 .	Stadien fortlaufend bis ...
–	2NX	X. apikaler Seitenspross N. Ordnung sichtbar

[1] *Definition gilt für Tomate mit determiniertem Stengelwachstum , Paprika und Aubergine. Bei Tomaten mit indeterminiertem Stengelwachstum und nur einem Sympodialglied der jeweiligen Ordnung verläuft die apikale Seitensprossbildung parallel zum Erscheinen der Blütenanlagen (Makrostadium 5), so dass eine Codierung in Makrostadium 2 entfällt*

Nachtschattengewächse

(Tomate = *Lycopersicon esculentum* Mill.,
Aubergine = *Solanum melongena* L., Paprika = *Capsicum annuum* L.)

Code		Beschreibung
2- und 3-stellig		
Makrostadium 5: Entwicklung der Blütenanlagen		
51	501	1. Blütenstand sichtbar (1. Knospe einzeln stehend)[2] Blütenknospe sichtbar[3]
52	502	2. Blütenstand sichtbar (1. Knospe einzeln stehend)[2] Blütenknospe sichtbar[3]
53	503	3. Blütenstand sichtbar (1. Knospe einzeln stehend)[2] Blütenknospe sichtbar[3]
5 .	50 .	Stadien fortlaufend bis ...
59	509	9 oder mehr Blütenstände sichtbar (1. Knospe einzeln stehend) (2-stellig) 9. Blütenstand sichtbar (1. Knospe einzeln stehend), (3-stellig)[2] 9 oder mehr Blütenknospen sichtbar (2-stellig) 9. Blütenknospe sichtbar (3-stellig)[3]
–	510	10. Blütenstand sichtbar (1. Knospe einzeln stehend)[2] 10. Blütenknospe sichtbar[3]
–	51 .	Stadien fortlaufend bis ...
–	519	19. Blütenstand sichtbar (1. Knospe einzeln stehend)[2] 19. Blütenknospe sichtbar[3]

[2] *Definition gilt für Tomaten*
[3] *Definition gilt für Paprika und Auberginen*

Allgemeine Skala
Zwiebelgemüse
Blattgemüse
Sonstige Kohlgemüsearten
Wurzel- und Knollengemüse
Bohne
Spargel
Gurkengewächse
Nachtschattengewächse
Johannisbeere
Erdbeere
Weinrebe
Kernobst
Steinobst
Rose
Unkräuter

Nachtschattengewächse

(Tomate = *Lycopersicon esculentum* Mill.,
Aubergine = *Solanum melongena* L., Paprika = *Capsicum annuum* L.)

Code		Beschreibung
2- und 3-stellig		
Makrostadium 6: Blüte		
61	601	1. Blütenstand: 1. Blüte offen[2] 1. Blüte offen[3]
62	602	2. Blütenstand: 1. Blüte offen[2] 2. Blüte offen[3]
63	603	3. Blütenstand: 1. Blüte offen[2] 3. Blüte offen[3]
6 .	60 .	Stadien fortlaufend bis ...
69	609	9. oder höherer Blütenstand mit geöffneten Blüten (2-stellig) 9. Blütenstand: 1 Blüte offen (3-stellig)[2] 9. Blüte offen oder mehr als 9 Blüten bereits geöffnet (2-stellig) 9. Blüte offen (3-stellig)[3]
–	610	10. Blütenstand: 1. Blüte offen,[2] 10. Blüte offen[3]
–	61 .	Stadien fortlaufend bis ...
–	619	19. Blütenstand: 1. Blüte offen[2] 19. Blüte offen[3]

[2] *Definition gilt für Tomaten*

[3] *Definition gilt für Paprika und Auberginen*

Nachtschattengewächse

(Tomate = *Lycopersicon esculentum* Mill.,
Aubergine = *Solanum melongena* L., Paprika = *Capsicum annuum* L.)

Code		Beschreibung
2- und 3-stellig		
Makrostadium 7: Fruchtentwicklung		
71	701	1. Fruchtstand: 1. Frucht hat sortentypische Größe erreicht[2] 1. Frucht hat art-/sortentypische Größe und Form erreicht[3]
72	702	2. Fruchtstand: 1. Frucht hat sortentypische Größe erreicht[2] 2. Frucht hat art-/sortentypische Größe und Form erreicht[3]
73	703	3. Fruchtstand: 1. Frucht hat sortentypische Größe erreicht[2] 3. Frucht hat art-/sortentypische Größe und Form erreicht[3]
7 .	70 .	Stadien fortlaufend bis ...
79	709	9. oder höherer Fruchtstand: Früchte haben sortentypische Größe erreicht (2-stellig) 9. Fruchtstand: 1. Frucht hat sortentypische Größe erreicht (3-stellig)[2] 9 oder mehr Früchte haben art-/sortentypische Größe und Form erreicht (2-stellig) 9. Frucht hat art-/sortentypisch Größe und Form erreicht (3-stellig)[3]
–	710	10. Fruchtstand: 1. Frucht hat sortentypische Größe erreicht[2] 10. Frucht hat art-/sortentypische Größe und Form erreicht[3]
–	71 .	Stadien fortlaufend bis ...
–	719	19. Fruchtstand: 1. Frucht hat sortentypische Größe erreicht[2] 19. Frucht hat art-/sortentypische Größe und Form erreicht[3]

[2] *Definition gilt für Tomaten*
[3] *Definition gilt für Paprika und Auberginen*

Nachtschattengewächse

(Tomate = *Lycopersicon esculentum* Mill.,
Aubergine = *Solanum melongena* L., Paprika = *Capsicum annuum* L.)

Code		Beschreibung
2- und 3-stellig		
Makrostadium 8: Frucht- und Samenreife		
81	801	10 % der Früchte haben art-/sortentypische Fruchtausfärbung erreicht
82	802	20 % der Früchte haben art-/sortentypische Fruchtausfärbung erreicht
83	803	30 % der Früchte haben art-/sortentypische Fruchtausfärbung erreicht
84	804	40 % der Früchte haben art-/sortentypische Fruchtausfärbung erreicht
85	805	50 % der Früchte haben art-/sortentypische Fruchtausfärbung erreicht
86	806	60 % der Früchte haben art-/sortentypische Fruchtausfärbung erreicht
87	807	70 % der Früchte haben art-/sortentypische Fruchtausfärbung erreicht
88	808	80 % der Früchte haben art-/sortentypische Fruchtausfärbung erreicht
89	809	Vollreife: Früchte haben art-/sortentypische Fruchtausfärbung erreicht[3]
2- und 3-stellig		
Makrostadium 9: Absterben		
97	907	Pflanze abgestorben
99	909	Erntegut

[3] *Definition gilt für Paprika und Auberginen*

Nachtschattengewächse

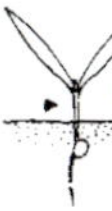

09

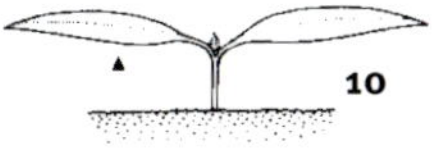

10

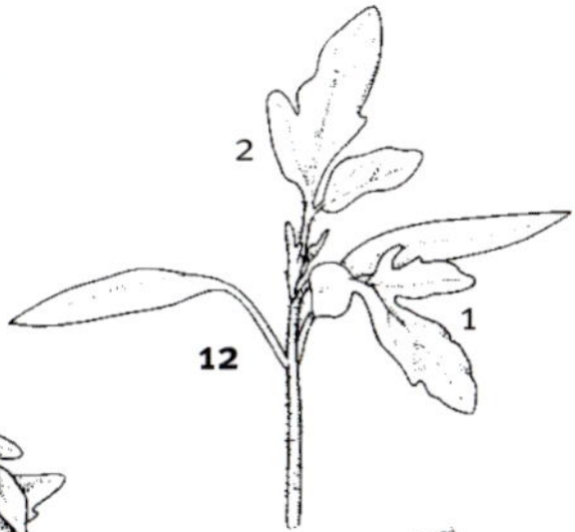

12

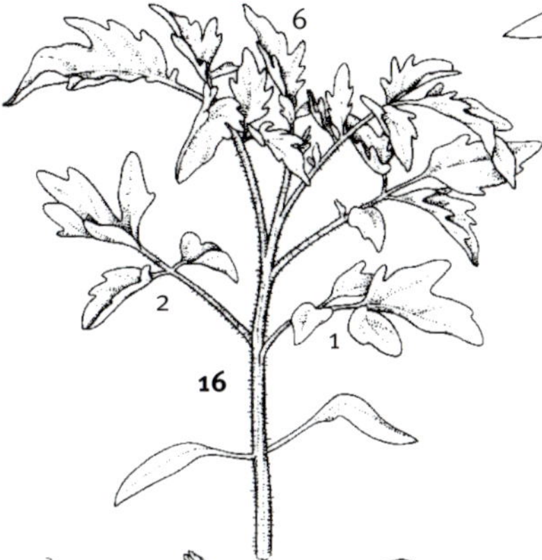

16

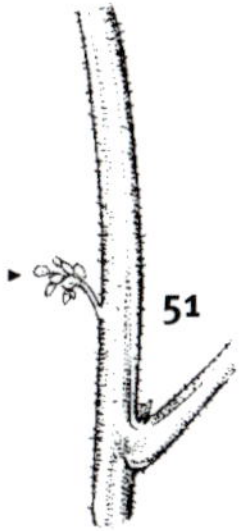

51

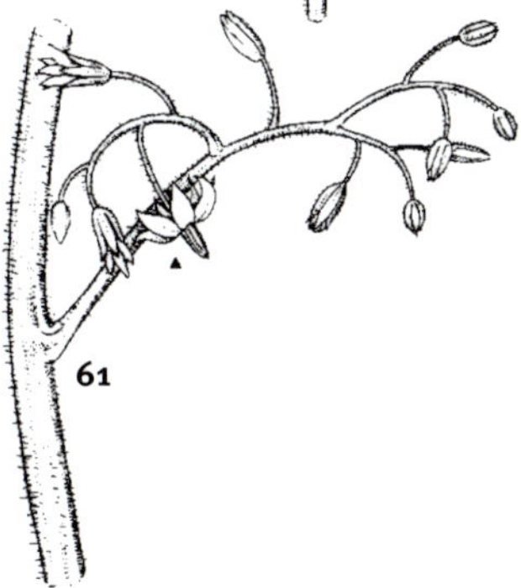

61

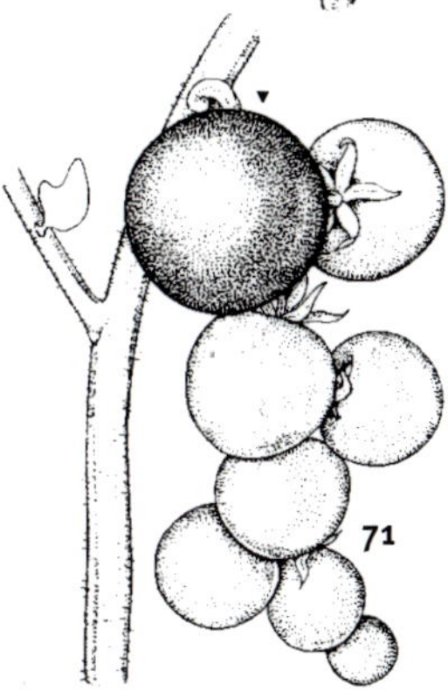

71

Johannisbeere

(Schwarze Johannisbeere = *Ribes nigrum* L.,
Rote Johannisbeere = *Ribes rubrum* L.)

Code	Beschreibung
Makrostadium 0: Austrieb	
00	Vegetationsruhe: spitzere Blatt- und dickere Blütenstandsknospen sind geschlossen und mit Knospenschuppen bedeckt
01	Beginn des Knospenschwellens: erstes deutliches Anschwellen der Knospen; Knospenschuppen werden länger
03	Ende des Knospenschwellens: Ränder der Knospenschuppen heller gefärbt
07	Beginn des Knospenaufbruchs: erste Blattspitzen gerade sichtbar
09	Blattspitzen schieben sich aus den Knospenschuppen
Makrostadium 1: Blattentwicklung	
10	Blattspitzen überragen Knospenschuppen; erste Laubblätter spreizen sich ab
11	Erste Laubblätter sind entfaltet, weitere Laubblätter entrollen sich
15	Laubblätter sind entfaltet, haben aber ihre endgültige Größe noch nicht erreicht
19	Erste Laubblätter haben sortentypische Größe erreicht
Makrostadium 3: Triebentwicklung[1]	
31	Beginn des Triebwachstums: Achse der sich entwickelnden Triebe sichtbar
32	20 % der zu erwartenden sortentypischen Trieblänge (Jahrestrieb) erreicht
33	30 % der zu erwartenden sortentypischen Trieblänge (Jahrestrieb) erreicht
3 .	Stadien fortlaufend bis ...
39	90 % der zu erwartenden sortentypischen Trieblänge

[1] *Trieb aus der Terminalknospe*

Johannisbeere

(Schwarze Johannisbeere = *Ribes nigrum* L.,
Rote Johannisbeere = *Ribes rubrum* L.)

Code	Beschreibung
Makrostadium 5: Entwicklung der Blütenanlagen	
51	Knospenschwellen: erstes deutliches Anschwellen der Blütenstandsknospen
53	Knospenaufbruch: Knospenschuppen gespreizt; hellgrüne Knospenbereiche sichtbar
54	Grüne oder rote Blattspitzen schieben sich aus den Knospenschuppen
55	Erste Blütenknospen werden neben den sich entfaltenden Laubblättern erreicht als kompakte Traube (Knäuel) sichtbar (Bei reinen Blütenstandsknospen keine Blattentwicklung, z. B. rote Johannisbeere)
56	Traubenachse beginnt sich zu strecken
57	1. Blütenknospe wird frei durch Streckung der Traubenachse
59	Alle Blütenknospen sind durch Streckung der Traubenachse freigelegt
Makrostadium 6: Blüte	
60	Erste Blüten offen 61 Beginn der Blüte: etwa 10 % der Blüten geöffnet
65	Vollblüte: mindestens 50 % der Blüten geöffnet
67	Abgehende Blüte: Mehrzahl der Blütenblätter abgefallen
69	Ende der Blüte: alle Blütenblätter abgefallen
Makrostadium 7: Fruchtentwicklung	
71	Beginnendes Fruchtwachstum: Entwicklung erster Basisfrüchte; Abfallen der unbefruchteten Blüten
72	20 % Fruchtansatz innerhalb einer Traube
73	30 % Fruchtansatz innerhalb einer Traube
74	40 % Fruchtansatz innerhalb einer Traube
75	50 % Fruchtansatz innerhalb einer Traube
76	60 % Fruchtansatz innerhalb einer Traube
77	70 % Fruchtansatz innerhalb einer Traube
78	80 % Fruchtansatz innerhalb einer Traube
79	90 % Fruchtansatz innerhalb einer Traube

Johannisbeere

(Schwarze Johannisbeere = *Ribes nigrum* L.,
Rote Johannisbeere = *Ribes rubrum* L.)

Code	Beschreibung
Makrostadium 8: Fruchtreife	
81	Beginn der Fruchtreife: sortenspezifische Veränderung der Grundfarbe
85	Fortgeschrittene Fruchtreife: Basisbeeren der ersten Trauben sortentypisch ausgefärbt
87	Pflückreife: bei 70 % der Trauben sind alle Beeren voll ausgereift; die Basisbeeren sind weich
89	Schüttelreife: die Basisbeeren neigen zum Abfallen
Makrostadium 9: Abschluss der Vegetation	
91	Wachstum abgeschlossen; Terminalknospe ausgereift; Laubblätter noch grün
92	Beginn der Laubblattverfärbung
93	Beginn des Laubblattfalls
95	50 % der Laubblätter verfärbt oder abgefallen
97	Ende des Laubblattfalls
99	Erntegut

Johannisbeere

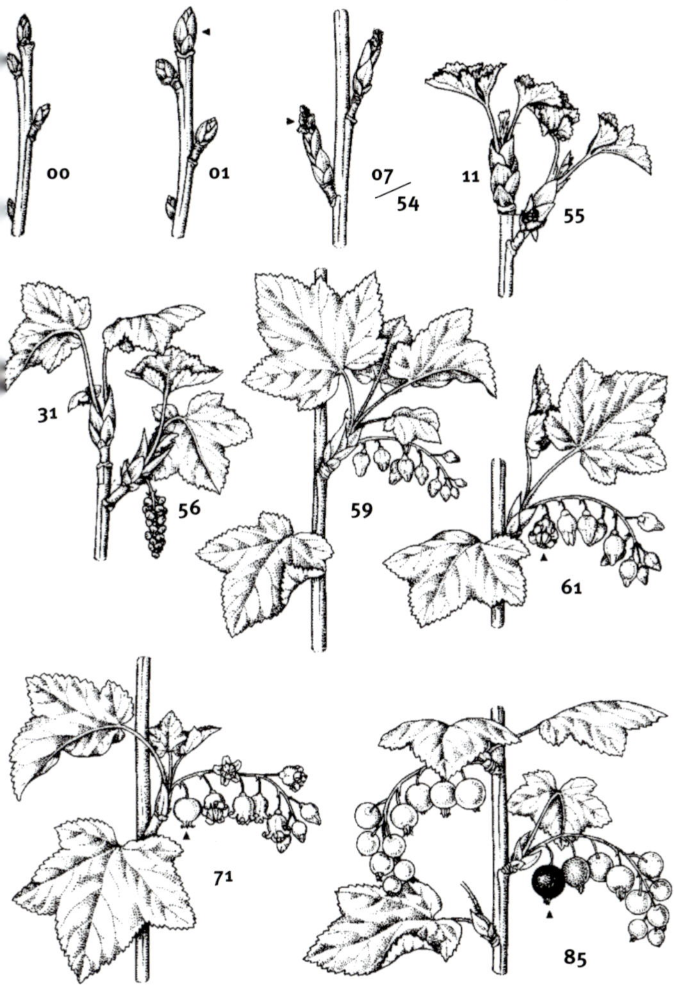

Allgemeine Skala
Zwiebelgemüse
Blattgemüse
Sonstige Kohlgemüsearten
Wurzel- und Knollengemüse
Bohne
Spargel
Gurkengewächse
Nachtschattengewächse
Johannisbeere
Erdbeere
Weinrebe
Kernobst
Steinobst
Rose
Unkräuter

Erdbeere *(Fragaria ananassa* Duch.)

Code	Beschreibung
Makrostadium 0: Austrieb	
00	Vegetationsruhe: kurzgestielte, dem Boden flach aufliegende, z. T. abgestorbene Laubblätter
03	Herzknospe gestreckt
Makrostadium 1: Blattentwicklung	
10	Schieben des ersten Laubblattes
11	1. Laubblatt ist entfaltet
12	2. Laubblatt ist entfaltet
13	3. Laubblatt ist entfaltet[1]
1 .	Stadien fortlaufend bis ...
19	9 und mehr Laubblätter entfaltet
Makrostadium 4: Ausläufer- und Jungpflanzenentwicklung	
41	Beginn der Ausläuferentwicklung: Ausläufer werden sichtbar (ca. 2 cm lang)
42	1. Jungpflanze wird sichtbar 43 Beginn der Wurzelentwicklung an der ersten Jungpflanze
45	1. Jungpflanze bewurzelt (pflanzfähig)
49	Mehrere Jungpflanzen bewurzelt; ständige Neuentwicklung von Jungpflanzen
Makrostadium 5: Entwicklung der Blütenanlagen	
55	Erste Blütenanlagen werden am Rosettengrund sichtbar
56	Achse des Blütenstandes beginnt sich zu strecken
57	Erste, noch geschlossene Blütenknospen sichtbar
58	Frühes Ballonstadium: Erste Blüten im Ballonstadium
59	Ballonstadium: Mehrzahl der Blüten im Ballonstadium
Makrostadium 6: Blüte	
60	Erste Blüten (Primär- oder A-Blüte) offen
61	Beginn der Blüte: etwa 10 % der Blüten geöffnet
65	Vollblüte: B- und C-Blüten geöffnet; erste Blütenblätter fallen ab 67 Abgehende Blüte: Mehrzahl der Blütenblätter abgefallen

[1] *In der Regel erfolgt spätestens nach dem 3. Laubblatt die Blütenknospen-entwicklung im Makrostadium 5*

Erdbeere *(Fragaria ananassa* Duch.)

Code	Beschreibung
Makrostadium 7: Fruchtentwicklung	
71	Blütenboden deutlich aufgewölbt
73	Samen deutlich auf dem Fruchtgewebe erkennbar (Nüsschenstadium)
Makrostadium 8: Fruchtreife	
81	Beginn der Fruchtreife: Mehrzahl der Früchte »weiß« gefärbt
85	Früchte beginnen sich sortentypisch auszufärben
87	Hauptpflücke: Mehrzahl der Früchte sortentypisch ausgefärbt
89	2. Pflücke: Weitere Früchte sortentypisch ausgefärbt
Makrostadium 9: Abschluss der Vegetation	
91	Beginn der Bildung von Seitentrieben
92	Neubildung von Laubblättern mit kleinerer Spreite und kürzerem Stiel
93	Absterben der alten Laubblätter; Jungblätter senken sich zu Boden; sortentypische Färbung der alten Laubblätter
97	Alte Laubblätter abgestorben

Erdbeere

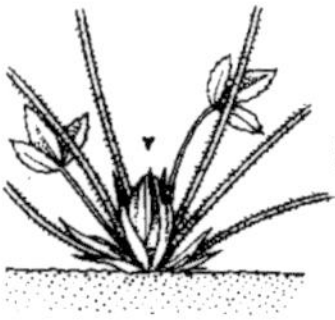

12

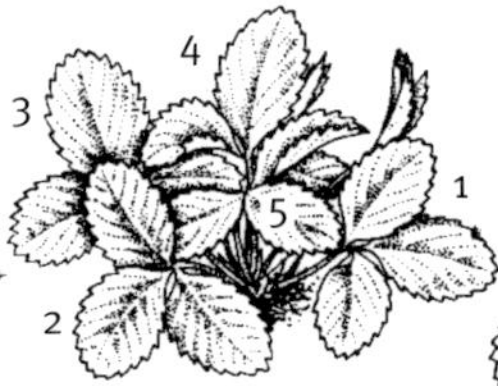

15

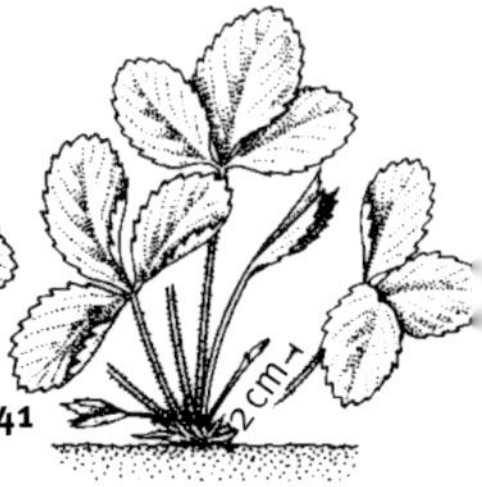

41

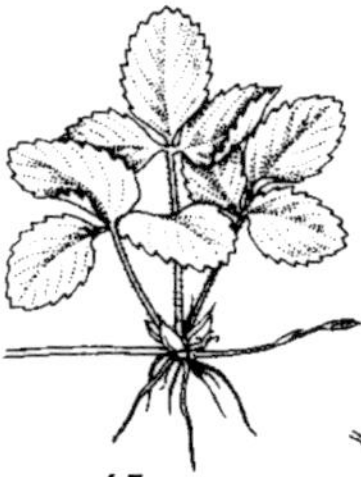

45

55

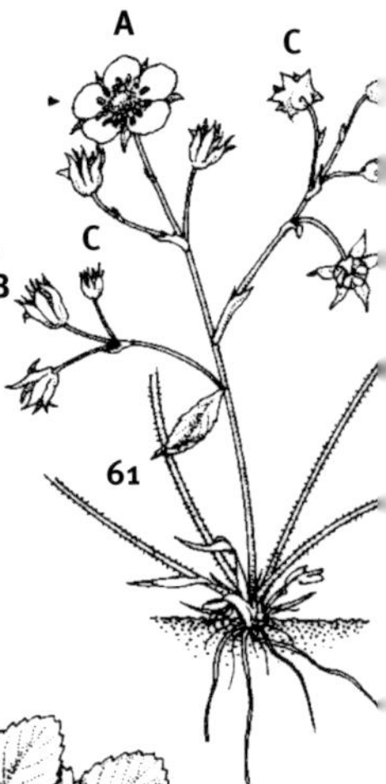

61

85

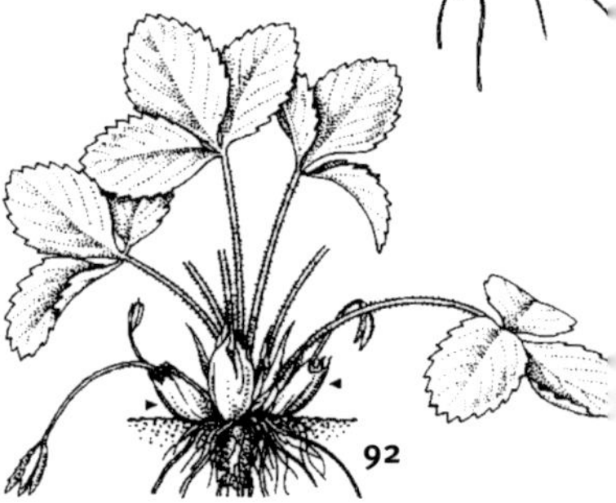

92

Weinrebe (*Vitis vinifera* L. ssp. vinifera)

Code	Beschreibung
Makrostadium 0: Austrieb	
00	Vegetationsruhe: Winteraugen spitz bis rundbogenförmig, je nach Rebsorte hell- bis dunkelbraun; Knospenschuppen je nach Rebsorte mehr oder weniger geschlossen
01	Beginn des Knospenschwellens: Augen beginnen sich innerhalb der Knospenschuppen zu vergrößern
03	Ende des Knospenschwellens: Knospen geschwollen, aber noch nicht grün
05	»Wolle-Stadium«: wolleartiger brauner Haarbesatz deutlich sichtbar
07	Beginn des Knospenaufbruchs: grüne Triebspitzen werden sichtbar
09	Knospenaufbruch: grüne Triebspitzen deutlich sichtbar
Makrostadium 1: Blattentwicklung	
11	1. Laubblatt entfaltet und vom Trieb abgespreizt
12	2 Laubblätter entfaltet
13	3 Laubblätter entfaltet 1 . Stadien fortlaufend bis ...
19	9 oder mehr Laubblätter entfaltet
Makrostadium 5: Entwicklung der Blütenanlagen	
53	»Gescheine« (Infloreszenzen) deutlich sichtbar
55	»Gescheine« (Infloreszenzen) vergrößern sich; Einzelblüten sind dicht zusammengedrängt
57	»Gescheine« (Infloreszenzen) sind voll entwickelt; die Einzelblüten spreizen sich

Weinrebe *(Vitis vinifera* L. ssp. vinifera)

Code	Beschreibung
Makrostadium 6: Blüte	
60	Erste Blütenkäppchen lösen sich vom Blütenboden
61	Beginn der Blüte: 10 % der Blütenkäppchen abgeworfen
62	20 % der Blütenkäppchen abgeworfen
63	Vorblüte: 30 % der Blütenkäppchen abgeworfen
64	40 % der Blütenkäppchen abgeworfen
65	Vollblüte: 50 % der Blütenkäppchen abgeworfen
66	60 % der Blütenkäppchen abgeworfen
67	70 % der Blütenkäppchen abgeworfen
68	80 % der Blütenkäppchen abgeworfen
69	Ende der Blüte
Makrostadium 7: Fruchtentwicklung	
71	Fruchtansatz; Fruchtknoten beginnen sich zu vergrößern; »Putzen der Beeren« wird abgeschlossen
73	Beeren sind schrotkorngroß; Trauben beginnen sich abzusenken
75	Beeren sind erbsengroß; Trauben hängen
77	Beginn des Traubenschlusses
79	Ende des Traubenschlusses
Makrostadium 8: Fruchtreife	
81	Beginn der Reife, Beeren beginnen hell zu werden (bzw. beginnen sich zu verfärben)
83	Fortschreiten der Beeren-Aufhellung (bzw. Beerenverfärbung)
85	Weichwerden der Beeren
89	Vollreife der Beeren (Lesereife)
Makrostadium 9: Eintreten der Vegetationsruhe	
91	Nach der Lese: Abschluss der Holzreife
92	Beginn der Laubblattverfärbung
93	Beginn des Laubblattfalls
95	50 % der Laubblätter abgefallen
97	Ende des Laubblattfalls
99	Erntegut/Trauben

Weinrebe

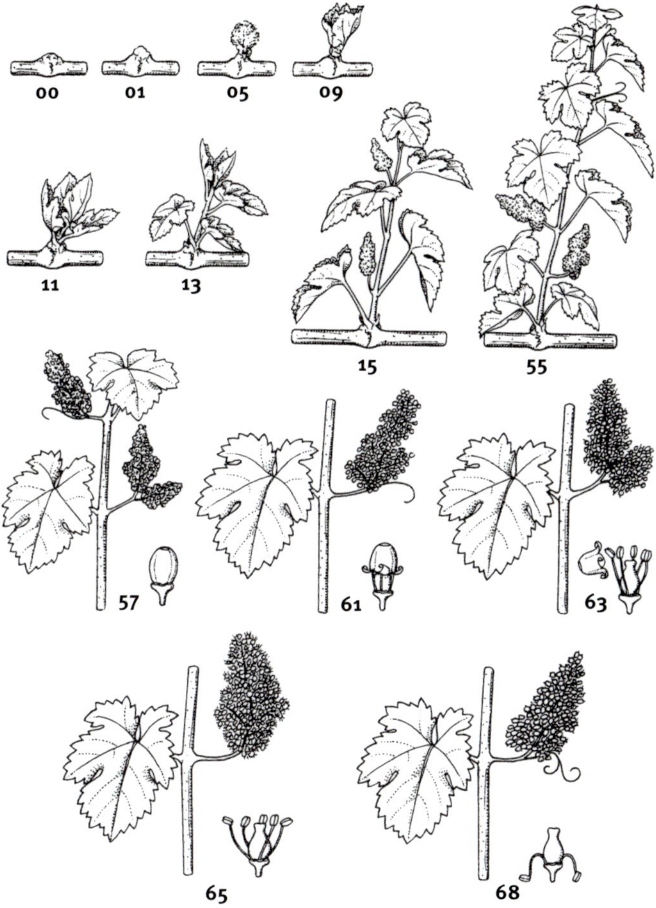

Allgemeine Skala
Zwiebelgemüse
Blattgemüse
Sonstige Kohlgemüsearten
Wurzel- und Knollengemüse
Bohne
Spargel
Gurkengewächse
Nachtschattengewächse
Johannisbeere
Erdbeere
Weinrebe
Kernobst
Steinobst
Rose
Unkräuter

Weinrebe

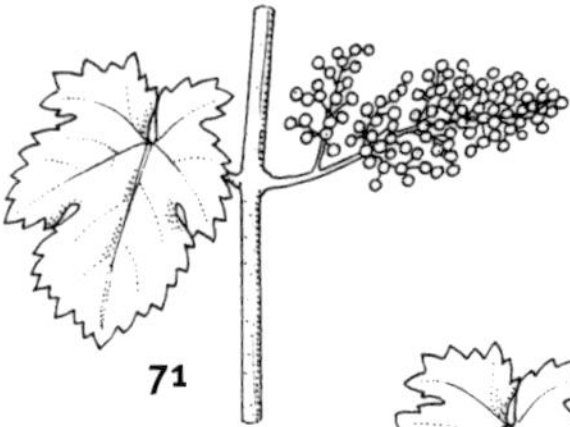

71

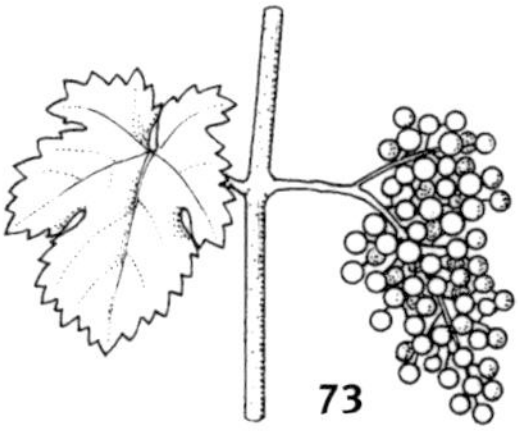

73

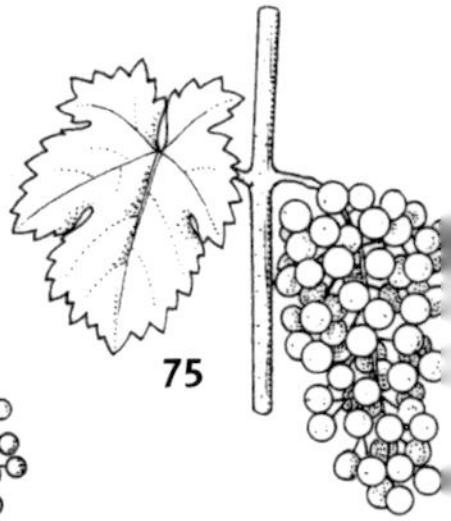

75

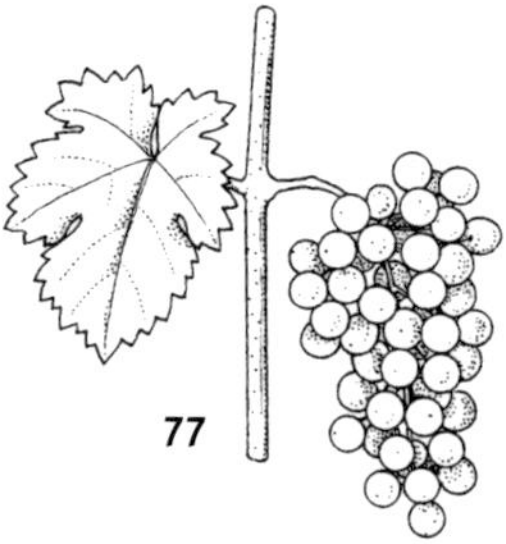

77

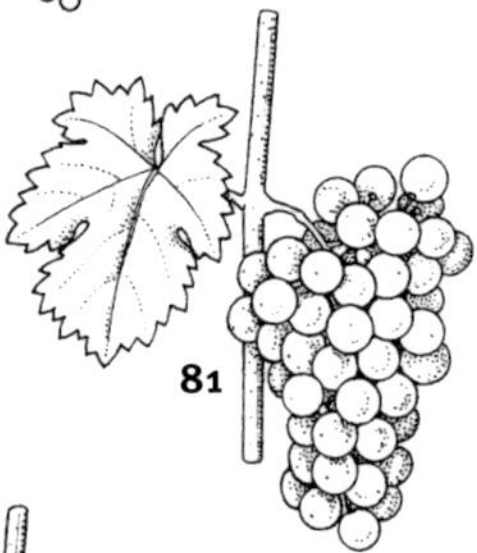

81

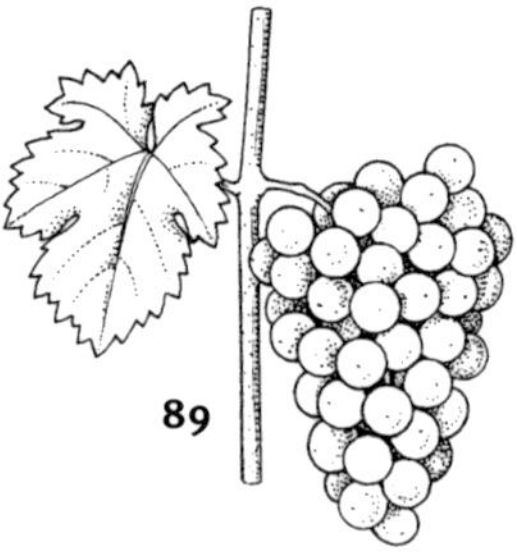

89

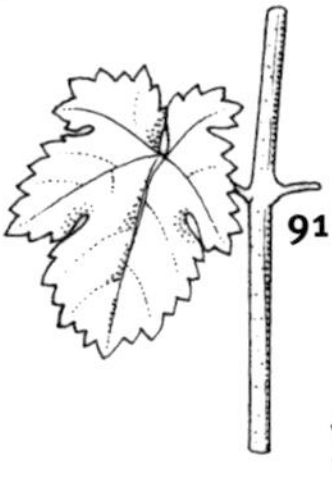

91

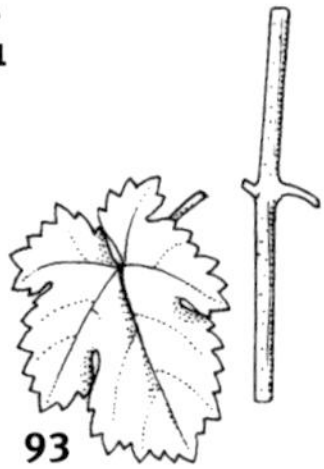

93

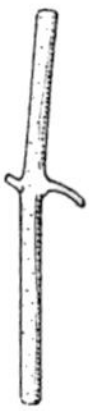

97

Kernobst

(Apfel = *Malus domestica* Borkh., Birne = *Pyrus communis* L.)

Code	Beschreibung
Makrostadium 0: Austrieb	
00	Vegetationsruhe: spitzere Blatt- und dickere Blütenstandsknospen sind geschlossen und mit dunkelbraunen Knospenschuppen bedeckt
01	Beginn des Knospenschwellens (Blattknospen): erstes deutliches Anschwellen der Knospen; Knospenschuppen werden länger und bekommen helle Partien
03	Ende des Knospenschwellens (Blattknospen): Knospenschuppen heller gefärbt, z. T. stark behaart
07	Beginn des Blattknospenaufbruches: erstes Blattgrün gerade sichtbar
09	Grüne Blattspitzen überragen Knospenschuppen um ca. 5 mm
Makrostadium 1: Blattentwicklung	
10	Mausohrstadium: grüne Blattspitzen überragen Knospenschuppen um 10 mm; erste Blätter spreizen sich ab
11	Erste Laubblätter sind entfaltet, weitere Blätter entrollen sich
15	Laubblätter sind entfaltet, haben aber ihre endgültige Größe noch nicht erreicht
19	Erste Laubblätter haben sortentypische Größe erreicht
Makrostadium 3: Triebentwicklung[1]	
31	Beginn des Triebwachstums: Achse der sich entwickelnden Triebe sichtbar
32	20 % der zu erwartenden sortentypischen Trieblänge (Jahrestrieb) erreicht
33	30 % der zu erwartenden sortentypischen Trieblänge (Jahrestrieb) erreicht
3 .	Stadien fortlaufend bis …
39	90 % der zu erwartenden sortentypischen Trieblänge (Jahrestrieb) erreicht

[1] *Trieb aus der Terminalknospe*

Kernobst

(Apfel = *Malus domestica* Borkh., Birne = *Pyrus communis* L.)

Code	Beschreibung
Makrostadium 5: Entwicklung der Blütenanlagen	
51	Knospenschwellen: erstes deutliches Anschwellen der Blütenstandsknospen; Knospenschuppen werden länger und bekommen hellere Partien
52	Ende des Knospenschwellens: heller gefärbte, z. T. stark behaarte Knospenschuppen werden sichtbar
53	Knospenaufbruch: grüne Blätter, die das Blütenbüschel umhüllen, werden sichtbar
54	Mausohrstadium: grüne Blattspitzen überragen Knospenschuppen um 10 mm; erste Blätter spreizen sich ab
55	Blütenknospen werden sichtbar
56	Grünknospenstadium: noch geschlossene Einzelblüten beginnen sich voneinander zu lösen
57	Rotknospenstadium: Blütenstiele strecken sich, Kelchblätter sind leicht geöffnet; Blütenblätter gerade erkennbar
59	Ballonstadium: Mehrzahl der Blüten im Ballonstadium
Makrostadium 6: Blüte	
60	Erste Blüten offen
61	Beginn der Blüte: etwa 10 % der Blüten geöffnet
62	Etwa 20 % der Blüten geöffnet
63	Etwa 30 % der Blüten geöffnet
64	Etwa 40 % der Blüten geöffnet
65	Vollblüte: mindestens 50 % der Blüten geöffnet, erste Blütenblätter fallen ab
67	Abgehende Blüte: Mehrzahl der Blütenblätter abgefallen
69	Ende der Blüte: alle Blütenblätter abgefallen

Kernobst

(Apfel = *Malus domestica* Borkh., Birne = *Pyrus communis* L.)

Code	Beschreibung
Makrostadium 7: Fruchtentwicklung	
71	Fruchtdurchmesser bis 10 mm (Nachblütefruchtfall)
72	Fruchtdurchmesser bis 20 mm (Haselnussgröße)
73	Zweiter Fruchtfall
74	Fruchtdurchmesser bis 40 mm; Frucht steht aufrecht; T-Stadium: Fruchtunterseite und Stiel bilden ein T
75	Etwa 50 % der sortentypischen Fruchtgröße erreicht
76	Etwa 60 % der sortentypischen Fruchtgröße erreicht
77	Etwa 70 % der sortentypischen Fruchtgröße erreicht
78	Etwa 80 % der sortentypischen Fruchtgröße erreicht
79	Etwa 90 % der sortentypischen Fruchtgröße erreicht
Makrostadium 8: Fruchtreife	
81	Beginn der Fruchtreife: sortenspezifische Aufhellung der Grundfarbe
85	Fortgeschrittene Fruchtreife: zunehmend sortentypische Intensität der Deckfarbe
87	Pflückreife: Früchte sind ausreichend entwickelt und haben noch eine gute Lagerfähigkeit
89	Genussreife: Früchte haben sortentypischen Geschmack und optimale Festigkeit
Makrostadium 9: Abschluss der Vegetation	
91	Wachstum der Langtriebe abgeschlossen; Terminalknospe ausgereift; Laubblätter noch grün
92	Beginn der Laubblattverfärbung
93	Beginn des Laubblattfalls
95	50 % der Laubblätter verfärbt oder abgefallen
97	Ende des Laubblattfalls
99	Erntegut

Kernobst

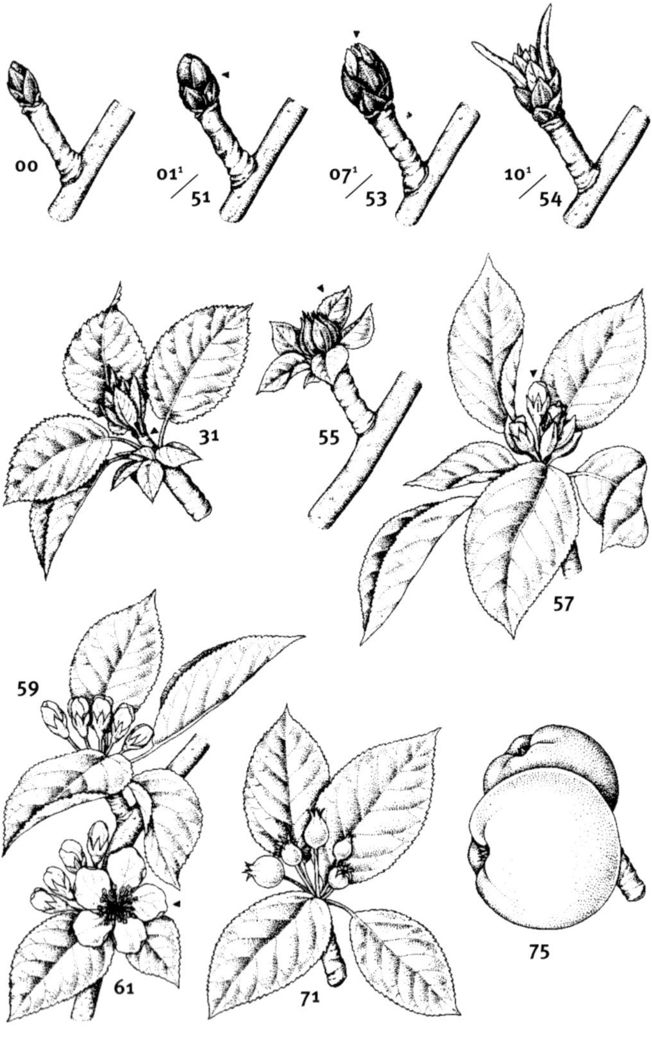

[1] *Blattknospen sind etwas kleiner und schmaler und sitzen direkt an den langen Trieben*

Steinobst

(Kirsche = *Prunus cerasus* L., Pflaume = *Prunus domestica* L. ssp. domestica, Pfirsich = *Prunus persica* Batsch, Aprikose = *Prunus ameriaca* L.)

Code	Beschreibung
Makrostadium 0: Austrieb	
00	Vegetationsruhe: spitzere Blatt- und dickere Blütenstandsknospen sind geschlossen und mit dunkelbraunen Knospenschuppen bedeckt
01	Beginn des Knospenschwellens (Blattknospen): hellbraune Knospenschuppen sichtbar; Ränder der Knospenschuppen haben helle Partien
03	Ende des Knospenschwellens (Blattknospen): hellgrüne Knospenbereiche sichtbar, Knospenschuppen gespreizt
09	Blattknospen zeigen grüne Spitzen: braune Knospenschuppen abgeworfen; Knospe von hellgrünen Hüllblättern umgeben
Makrostadium1: Blattentwicklung	
10	Erste Laubblätter spreizen sich ab; grüne Hüllblätter leicht geöffnet; Laubblätter schieben sich vor
11	Erste Laubblätter sind entfaltet, Achse des sich entwickelnden Triebes wird sichtbar
19	Erste Laubblätter haben sortentypische Größe erreicht
Makrostadium 3: Triebentwicklung[1]	
31	Beginn des Triebwachstums: Achse der sich entwickelnden Triebe sichtbar
32	20 % der zu erwartenden sortentypischen Trieblänge (Jahrestrieb) erreicht
33	30 % der zu erwartenden sortentypischen Trieblänge (Jahrestrieb) erreicht
3 .	Stadien fortlaufend bis ...
39	90 % der zu erwartenden sortentypischen Trieblänge (Jahrestrieb) erreicht

[1] *Trieb aus der Terminalknospe*

Steinobst

(Kirsche = *Prunus cerasus* L., Pflaume = *Prunus domestica* L. ssp. domestica, Pfirsich = *Prunus persica* Batsch, Aprikose = *Prunus ameriaca* L.)

Code	Beschreibung
Makrostadium 5: Entwicklung der Blütenanlagen	
51	Knospenschwellen: erstes deutliches Anschwellen der Blütenstandsknospen; Knospen noch geschlossen, hellbraune Knospenschuppen sichtbar
53	Knospenaufbruch: Knospenschuppen gespreizt; hellgrüne Knospenbereiche sichtbar
54	Blütenstand von hellgrünen Hüllblättern umgeben, soweit Hüllblätter ausgebildet (nicht alle Arten)
55	Geschlossene Einzelblüten am Knospengrund mit gestauchten Blütenstielen sichtbar. Grüne Hüllblätter leicht geöffnet
56	Blütenstand geöffnet; Blütenstiele verlängert; Einzelblüten wachsen auseinander
57	Kelchblätter geöffnet; Spitzen der Blütenblätter sichtbar; Einzelblüten mit geschlossenen weißen oder rosa Blütenblättern
59	Ballonstadium: Mehrzahl der Blüten im Ballonstadium
Makrostadium 6: Blüte	
60	Erste Blüten offen
61	Beginn der Blüte: etwa 10 % der Blüten geöffnet
62	Etwa 20 % der Blüten geöffnet
63	Etwa 30 % der Blüten geöffnet
64	Etwa 40 % der Blüten geöffnet
65	Vollblüte: mindestens 50 % der Blüten geöffnet, erste Blütenblätter fallen ab
67	Abgehende Blüte: Mehrzahl der Blütenblätter abgefallen
69	Ende der Blüte: alle Blütenblätter abgefallen

Steinobst

(Kirsche = *Prunus cerasus* L., Pflaume = *Prunus domestica* L. ssp. domestica, Pfirsich = *Prunus persica* Batsch, Aprikose = *Prunus ameriaca* L.)

Code	Beschreibung
Makrostadium 7: Fruchtentwicklung	
71	Fruchknoten vergrößert sich (Nachblütefruchtfall)
72	Grüner Fruchtknoten von absterbendem Kelchblattkranz umgeben, der abzufallen beginnt
73	Zweiter Fruchtfall (Rötelfruchtfall)
75	Etwa 50 % der sortentypischen Fruchtgröße erreicht
76	Etwa 60 % der sortentypischen Fruchtgröße erreicht
77	Etwa 70 % der sortentypischen Fruchtgröße erreicht
78	Etwa 80 % der sortentypischen Fruchtgröße erreicht
79	Etwa 90 % der sortentypischen Fruchtgröße erreicht
Makrostadium 8: Fruchtreife	
81	Beginn der Fruchtreife: Früchte werden heller
85	Fortgeschrittene Fruchtausfärbung
87	Pflückreife: Früchte haben sortentypischen Geschmack und optimale Festigkeit (ausgenommen Pfirsich, Nektarine)
89	Genussreife: Früchte haben sortentypischen Geschmack und optimale Festigkeit
Makrostadium 9: Abschluss der Vegetation	
91	Triebwachstum abgeschlossen; Laubblätter noch grün
92	Beginn der Laubblattverfärbung
93	Beginn des Laubblattfalls
95	50 % der Laubblätter verfärbt oder abgefallen
97	Ende des Laubblattfalls
99	Erntegut

00
01
03
10
31
55
59
61
71
81

Rose (*Rosa sp.*)

Code	Beschreibung
Makrostadium 0: Knospenentwicklung/Keimung	
00	Samen: Ruhender Samen im Saatbeet (Stratifizierung) Blattknospen geschlossen
01	Samen: Samen gequollen, Keimwurzel nicht sichtbar Knospen: Beginn der Knospenschwellung
03	Samen: Ende der Samenquellung Knospen: Ende des Knospenschwellens
05	Samen: Keimwurzel aus dem Samen herausgetreten Knospen: Runde Knospen sichtbar Steckling: Wurzelbildung
06	Samen: Streckung der Keimwurzel; Bildung von Wurzelhaaren und Seitenwurzeln an der Keimwurzel Steckling: Bildung von Wurzelhaaren und Seitenwurzeln
07	Samen: Hypokotyl mit Keimblättern durchbrechen die Samenschale Knospen: Beginn des Knospendurchbruchs; erste grüne Blattspitzen sichtbar Stecklinge: Bildung des ersten Triebs. Trieb gerade sichtbar
08	Samen: Hypocotyl und Keimblätter wachsen zur Bodenoberfläche
09	Samen: Auflaufen: Keimblätter durchbrechen Bodenoberfläche Knospen zeigen grüne Spitzen Stecklinge: Wurzeln 6–7 cm lang. Blattanlagen an 1–2 Nodien sichtbar
Makrostadium 1: Laubblattentwicklung	
10	Keimblätter vollständig entfaltet; erstes Blattpaar wird sichtbar
11	Erstes Blattpaar entfaltet, hat noch nicht vollständige Größe. Blattfarbe hellgrün und/oder rötlich bis bronze
12	Zweites Blattpaar entfaltet, jedoch noch nicht volle Größe erreicht
13	Drittes Blattpaar entfaltet, jedoch noch nicht volle Größe erreicht
14	Viertes Blattpaar entfaltet. Volle Größe erreicht und dunkelgrüne Färbung
1..	Stadien fortlaufend bis...
19	Neun und mehr Blattpaare entfaltet

Rose *(Rosa sp.)*

Code	Beschreibung
Makrostadien 2: Bildung von Seitensprossen	
21 201	Seitensprosse: 1. Spross (Basal- oder Hauptspross) sichtbar; Veredelte Pflanzen: angewachsens Auge (rosebud) sichtbar
22 202	Seitensprosse: 2. Spross (Basal- oder Hauptspross) sichtbar Veredelten Pflanzen: 2. Trieb aus dem Auge (rosebud)
23 203	Seitensprosse: 3. Spross (Basal- oder Hauptspross) sichtbar; Veredelten Pflanzen: 3. Trieb aus dem Auge (rosebud) sichtbar
24 204	Seitensprosse: 4. Spross (Basal- oder Hauptspross) sichtbar; Veredelten Pflanzen: 4. Trieb aus dem Auge (rosebud) sichtbar
2. 20 .	Stadien fortlaufend bis...
29 209	Seitensprosse: 9. Spross (Basal- oder Hauptspross) sichtbar
-...221	1. Seitenspross 2. Ordnung sichtbar
-...22 .	Stadien fortlaufend bis...
-...229	9. Seitenspross 2.Ordnung sichtbar
-...2N1	1. Seitenspross N-ter Ordnung sichtbar
-...2N	Stadien fortlaufend bis...
-...2N9	9. Seitenspross N-ter Ordnung sichtbar
Makrostadium 3: Längenwachstum	
31	Beginn der Triebentwicklung. Trieb sichtbar
32	20 % der max. art- oder sortentypischen Endlänge erreicht
33	30 % der max. art- oder sortentypischen Endlänge erreicht
3...	Stadien fortlaufend bis...
39	90 % der max. art- oder sortentypischen Endlänge erreicht
Makrostadium 4: Fortpflanzung und Vermehrung. Vegetatives Erntegut	
40	Beginn des Abschlusses der vegetativen Entwicklung. Vegetative Vermehrungsorgane ausgereift. Termin zur Veredlung und Stecklingsvermehrung
49	Ernte der Rosenpflanze (Rosenstock)

Rose *(Rosa sp.)*

Code	Beschreibung
Makrostadium 5: Entwicklung der Blütenanlage	
51 501	Erste terminale Blütenknospen sichtbar
52 502	Erste terminale Blütenknospen brechen auf
55 505	Blütenknospen trennen sich; sie stehen separat bei mehrblütigen Knospenanlagen
56 506	Blütenblätter in der Terminalknospe sichtbar
57 507	Blütenblätter strecken sich. Sortenfarbe in Abhängigkeit von Sorte schwach sichtbar. Knospe noch geschlossen
58 508	Blütenblätter sichtbar und lockern sich. Blüte noch geschlossen
59 509	Blütenblätter strecken sich weiter. Geringe Öffnung der Blüte
-...521	Erste terminale Blütenknospe am Trieb 2. Ordnung sichtbar
-...522	Erste terminale Blütenknospe am Trieb 2. Ordnung bricht auf
-...525	Blütenknospen an Trieb 2. Ordnung trennen sich; sie stehen separat bei mehrblütigen Knospenanlagen
-...526	Blütenblätter in der Terminalknospe an Trieben 2. Ordnung sichtbar
-...527	Blütenblätter in der Terminalknospe an Trieben 2. Ordnung strecken sich. Sortenfarbe in Abhängigkeit von Sorte schwach sichtbar. Knospe noch geschlossen
-...528	Blütenblätter in der Terminalknospe an Trieben 2. Ordnung sichtbar und lockern sich. Blüte noch geschlossen
-...529	Blütenblätter an Trieben 2. Ordnung strecken sich weiter. Geringe Öffnung der Blüte
-...5N1	Erste terminale Blütenknospe an Trieb an N-ter Ordnung sichtbar
-...5N.	Stadien fortlaufend bis...
-...5N9	Blütenblätter an Trieben N-ter Ordnung gestreckt

Rose *(Rosa sp.)*

Code		Beschreibung Makrostadium 6: Blüte
60	600	Erste Blüten offen
61	601	Blühbeginn: Etwa 10 % der Blüten offen
6.	60.	Stadien fortlaufend bis...
65	605	Vollblüte: 50 % der Blüten geöffnet
67	607	Abblüte: Mehrzahl der Blütenblätter abgefallen
69	609	Ende der Blüte: alle Blütenblätter abgefallen
-	...620	Erste Blüte am Trieb 2. Ordnung offen
-	...621	Blühbeginn am Trieb 2. Ordnung: Etwa 10 % der Blüten offen
-	...62.	Stadien fortlaufend bis...
-	...625	Vollblüte am Trieb 2. Ordnung: 50 % der Blüten offen
-	...627	Abblüte am Trieb 2. Ordnung: Mehrzahl der Blütenblätter abgefallen
-	...629	Ende der Blüte am Trieb 2. Ordnung: alle Blütenblätter abgefallen
-	...6N1	Blühbeginn am Trieb N-ter Ordnung: Etwa 10 % der Blüten offen
-	...6N.	Stadien fortlaufend bis...
-	...6N9	Ende der Blüte am Trieb N-ter Ordnung: alle Blütenblätter abgefallen

Rose *(Rosa sp.)*

Code		Beschreibung Makrostadium 6: Blüte
Makrostadium 7: Fruchtentwicklung		
70	700	Früchte am Haupttrieb als kleine Fruchtkörper sichtbar
71	701	Beginn des Fruchtwachstums am Haupttrieb. Fruchtdurchmesser 10 % der endgültigen Größe (Stecknadelkopfgröße)
73	703	Fruchtdurchmesser 30 % der endgültigen Größe
75	705	Fruchtdurchmesser 50 % der endgültigen Größe
77	707	Fruchtdurchmesser 70 % der endgültigen Größe
79	709	Fruchtdurchmesser 90 % der endgültigen Größe
-	...721	Beginn des Fruchtwachstums am Trieb 2. Ordnung. Fruchtdurchmesser 10 % der endgültigen Größe (Stecknadelkopfgröße)
-	...723	Fruchtdurchmesser am Trieb 2. Ordnung 30 % der endgültigen Größe
-	...725	Fruchtdurchmesser am Trieb 2. Ordnung 50 % der endgültigen Größe
-	...727	Fruchtdurchmesser am Trieb 2. Ordnung 70 % der endgültigen Größe
-	...729	Fruchtdurchmesser am Trieb 2. Ordnung 90 % der endgültigen Größe
-	...7N1	Beginn des Fruchtwachstums am Trieb N-ter Ordnung. Fruchtdurchmesser 90 % der endgültigen Größe
-	...7N.	Stadien fortlaufend bis...
-	...7N9	Fruchtdurchmesser am Trieb N-ter Ordnung 90 % der endgültigen Größe

Rose *(Rosa sp.)*

Code	Beschreibung Makrostadium 6: Blüte
Makrostadium 8:Frucht- und Samenreife	
81 801	Beginn der Reife: Frucht beginnt sich sorten- oder artspezifisch zu färben
85 805	Fortschreiten der art-/ sortenspezifischen Fruchtausfärbung: Zunahme der Farbintensität
86 806	Erste Früchte haben ihre endgültige, fruchtspezifische Färbung erreicht
87 807	–
88 808	Samenreife: Samen erntereif. Früchte rot gefärbt, noch hart. Sepalen abgefallen
89 809	Vollreife: Früchte ausgereift. Sorten/artentypische Fruchtfarbe
-...821	Beginn der Reife am Trieb 2. Ordnung: Frucht beginnt sich sorten- oder artspezifisch zu färben
-...825	Fortschreiten der art-/ sortenspezifischen Fruchtausfärbung am Trieb 2. Ordnung: Zunahme der Farbintensität
-...826	Erste Früchte am Trieb 2. Ordnung reif
-...827	–
- 828	Samenreife: Samen am Trieb 2. Ordnung ausgereift
-...829	Vollreife: Früchte am Trieb 2. Ordnung ausgereift
-...8N1	Beginn der Reife am Trieb N-ter Ordnung
-...8N.	Stadien fortlaufend bis...
-...8N9	Vollreife: Früchte am Trieb N-ter Ordnung ausgereift
Makrostadium 9: Alterung	
91	Beginn der Blattfärbung. Erste Blätter sind leicht verfärbt
93	Beginn des Blattfalls
94	–
95	50 % der Blätter abgefallen
96	–
97	Ende des Blattfalls
98	Früchte oft dunkel verfärbt und teilweise faltig an der Pflanze
99	Lagerung von Früchten und Samen

Rose

01

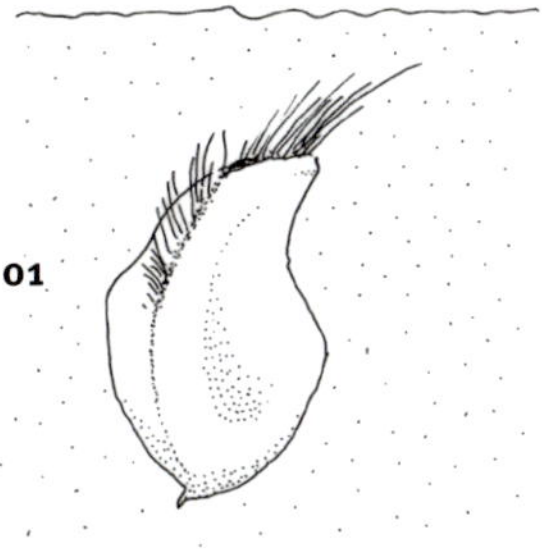

05

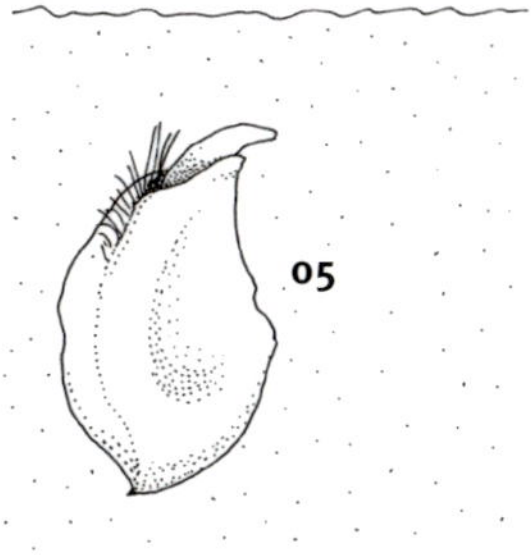

49

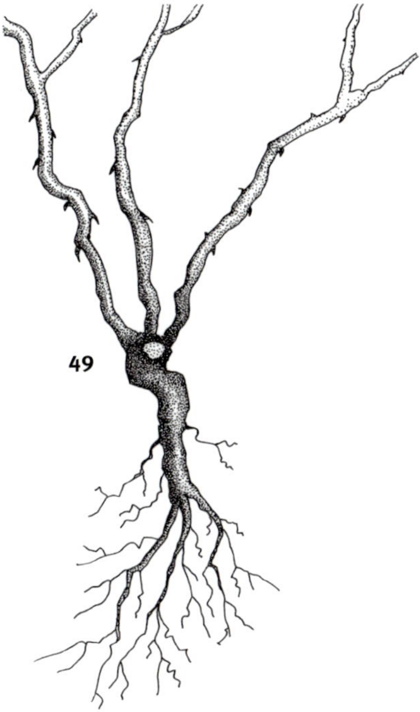

07

03

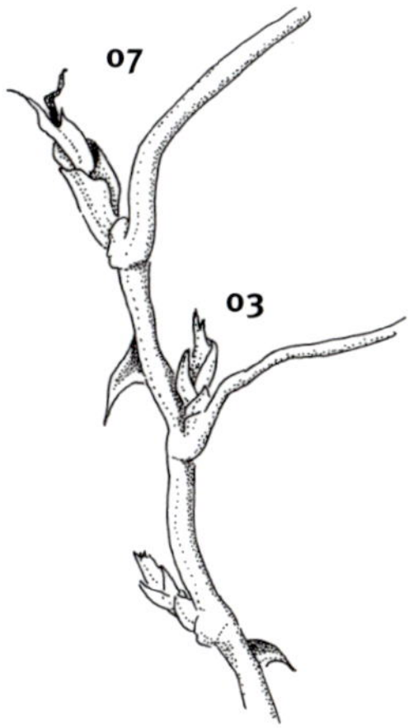

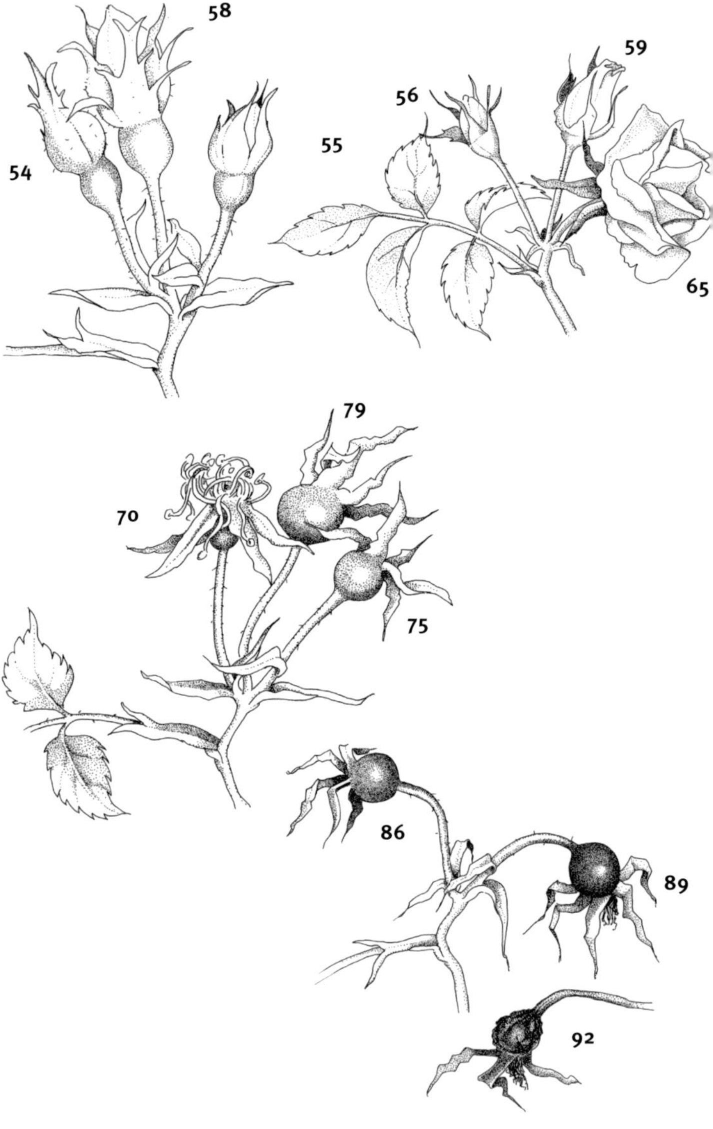
58
59
56
55
54
65
79
70
75
86
89
92

Unkräuter

D =	Dikotyle
G =	Gramineen
M =	Monokotyle
P =	Perennierende Pflanzen / Dauerkulturen
V =	Entwicklung aus vegetativen Überdauerungs- bzw. Vermehrungsorganen.

Gilt die Beschreibung für alle Pflanzengruppen, wird auf eine zusätzliche Kennzeichnung verzichtet.

Code		Beschreibung
Makrostadium 0: Keimung / Austrieb		
00		Trockener Samen;
	V	Überdauerungs- bzw. Vermehrungsorgan im Ruhestadium (Knolle, Rhizom, Zwiebel, Wurzelausläufer)
	P	Winter- bzw. Vegetationsruhe
01		Beginn der Samenquellung
	P,V	Beginn des Knospenschwellens
03		Ende der Samenquellung
	P,V	Ende des Knospenschwellens
05		Keimwurzel aus dem Samen ausgetreten
	V	Überdauerungs- bzw. Vermehrungsorgane beginnen sich zu bewurzeln
06		Keimwurzel verlängert, bildet Wurzelhaare und/oder Seitenwurzeln
07	G	Keimscheide (Koleoptile) aus dem Samen ausgetreten
	D,M	Hypokotyl mit Keimblättern bzw. Spross hat Samenschale durchbrochen
	P,V	Beginn des Spross- bzw. Knospenaustriebes
08	D	Hypokotyl mit Keimblättern bzw. Spross wächst zur Bodenoberfläche
	V	Spross wächst zur Bodenoberfläche
09	G	Auflaufen: Keimscheide durchbricht Bodenoberfläche
	D,M	Auflaufen: Keimblätter durch brechen Bodenoberfläche (außer bei hypogäischer Keimung)
	V	Auflaufen: Spross bzw. Blatt durchbricht die Bodenoberfläche
	P	Knospen zeigen grüne Spitzen

Unkräuter

Code		Beschreibung
Makrostadium 1: Blattentwicklung (Hauptspross)		
10	G,M	Erstes Laubblatt aus der Koleoptile ausgetreten
	D	Keimblätter voll entfaltet
	P	Erste Blätter spreizen sich ab
11		1. Laubblatt oder Blattquirl entfaltet
	P	Erste Laubblätter entfaltet
12		2. Laubblatt oder Blattquirl entfaltet
13		3. Laubblatt oder Blattquirl entfaltet
		Stadien fortlaufend bis ...
19		9 oder mehr Laubblätter oder Blattquirle entfaltet
Makrostadium 2: Bildung von Seitensprossen / Bestockung		
21		1. Seitenspross sichtbar
	G	1. Bestockungstrieb sichtbar
22		2. Seitenspross sichtbar
	G	2. Bestockungstrieb sichtbar
23		3. Seitenspross sichtbar
	G	3. Bestockungstrieb sichtbar
		Stadien fortlaufend bis ...
29		9 oder mehr Seitensprosse sichtbar
	G	9 oder mehr Bestockungstriebe sichtbar

Unkräuter

Code		Beschreibung
Makrostadium 3: Längen- bzw. Rosettenwachstum des Hauptsprosses / Triebentwicklung / Schossen (Haupttrieb)		
30		Beginn des Längenwachstums
	G	Beginn des Schossens
31		1. sichtbar gestrecktes Internodium
	G	1-Knotenstadium
32		2. sichtbar gestrecktes Internodium
	G	2-Knotenstadium
33		3. sichtbar gestrecktes Internodium
	G	3-Knotenstadium
		Stadien fortlaufend bis ...
39		9 oder mehr sichtbar gestreckte Internodien
	G	9 oder mehr Knoten
Makrostadium 4: Vegetative Vermehrung / Ähren- bzw. Rispenschwellen		
40	V	Beginn der Entwicklung vegetativer Vermehrungsorgane (Rhizome, Stolonen, Knollen, Wurzelausläufer, Zwiebeln)
41	G	Blattscheide des Fahnenblattes verlängert sich
42	V	Erste Jungpflanze wird sichtbar
43	G	Blattscheide des Fahnenblattes beginnt anzuschwellen
45	G	Blattscheide des Fahnenblattes geschwollen
47	G	Blattscheide des Fahnenblattes öffnet sich
49	V	Ständige Neuentwicklung von Jungpflanzen; vegetative Vermehrungsorgane haben endgültige Größe erreicht
	G	Grannen sichtbar
Makrostadium 5: Erscheinen der Blütenanlage (Hauptspross) / Ähren- bzw. (Haupttrieb) Rispenschieben		
51		Blütenanlagen bzw. -knospen sichtbar
	G	Beginn des Ähren bzw. Rispenschiebens
55		Erste Einzelblüten sichtbar (geschlossen)
	G	Mitte des Ähren- bzw. Rispenschiebens
59		Erste Blütenblätter sichtbar, Blüten noch geschlossen
	G	Ende des Ähren- bzw. Rispenschiebens

Unkräuter

Code	Beschreibung
Makrostadium 6: Blüte (Hauptspross)	
60	Vereinzelt erste Blüten offen
61	Beginn der Blüte: 10 % der Blüten offen
63	30 % der Blüten offen
65	Vollblüte: 50 % der Blüten offen, erste Blütenblätter können fallen oder vertrocknen
67	Abgehende Blüte: Mehrzahl der Blütenblätter abgefallen oder vertrocknet
69	Ende der Blüte: Fruchtansatz sichtbar
Makrostadium 7: Fruchtentwicklung	
71	Beginn der Fruchtentwicklung;
G	Korninhalt wässrig
79	Nahezu alle Früchte erreichen art-/sortenspezifische Fruchtgröße
Makrostadium 8: Frucht- und Samenreife	
81	Beginn der Reife bzw. Fruchtausfärbung
89	Vollreife
Makrostadium 9: Absterben bzw. Eintreten der Vegetationsruhe	
97	Ende des Blattfalles. Pflanze bzw. oberirdische Teile abgestorben oder im Ruhestadium
P,V	Pflanze in Winter- bzw. Vegetationsruhe

Unkräuter

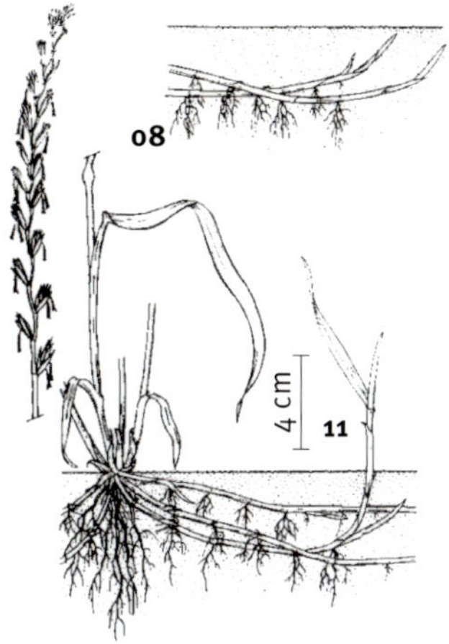

Agropyon repens (L.) P. Beauv.

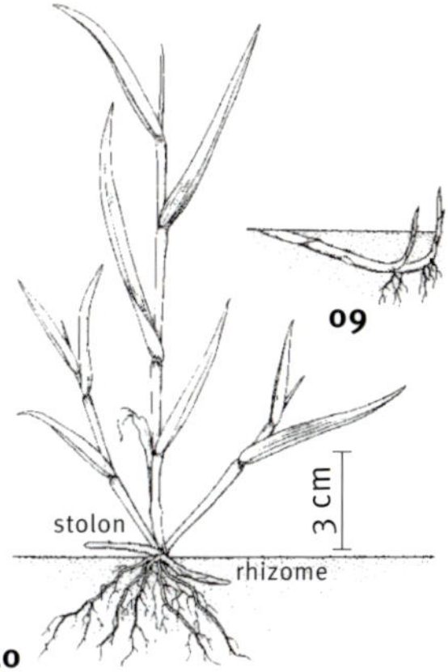

Cynodon dactylon (L.) Pers.

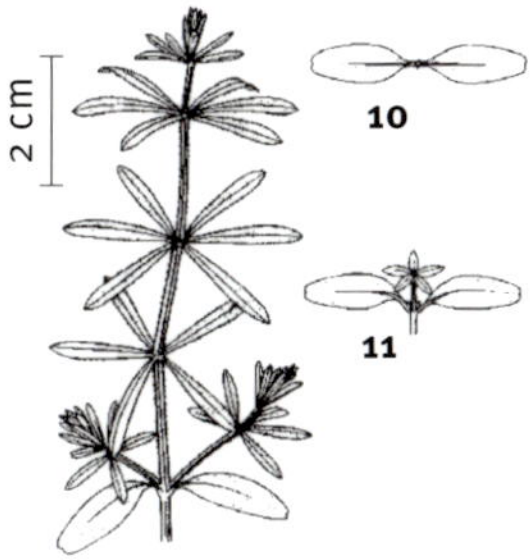

22/34 *Galium aparine* L.

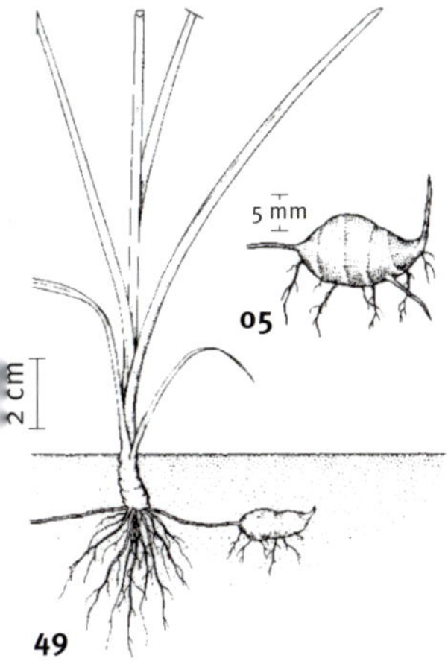

Cyperus rotundus L.

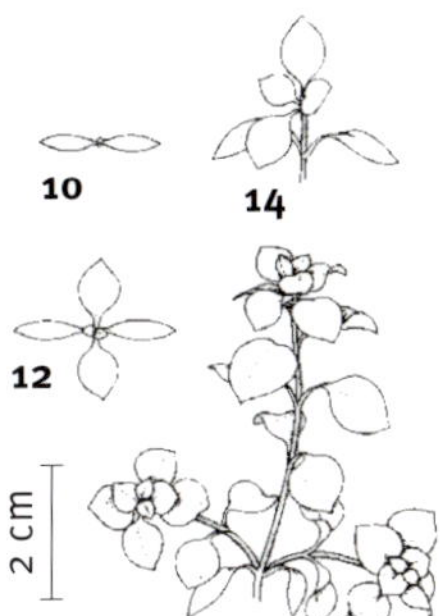

22/35

Stellaria media (L.) Vill.

Allgemeine Skala
Zwiebelgemüse
Blattgemüse
Sonstige Kohlgemüsearten
Wurzel- und Knollengemüse
Bohne
Spargel
Gurkengewächse
Nachtschattengewächse
Johannisbeere
Erdbeere
Weinrebe
Kernobst
Steinobst
Rose
Unkräuter

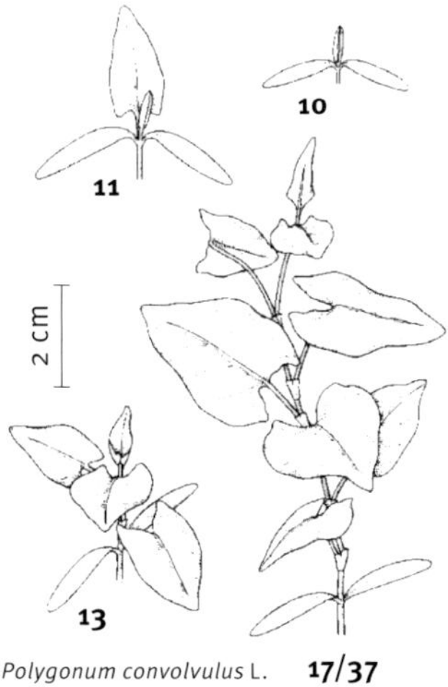

Polygonum convolvulus L.

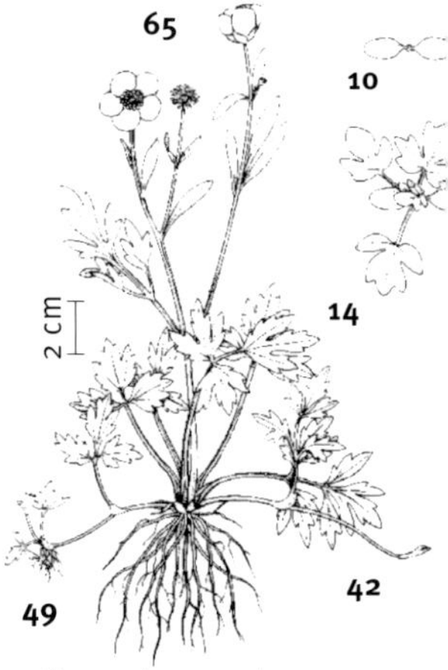

Ranunculus repens L.

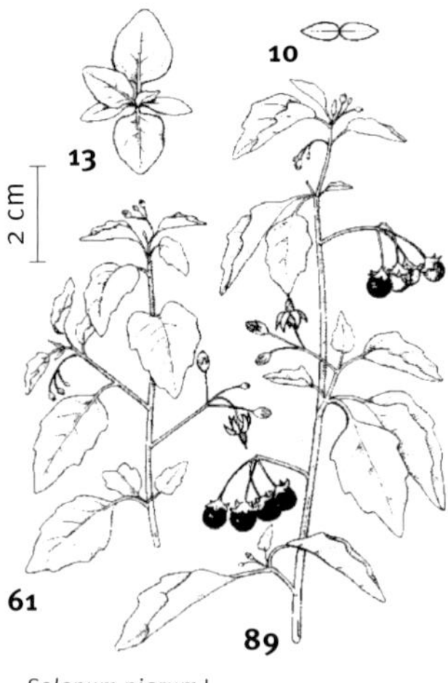

Solanum nigrum L.

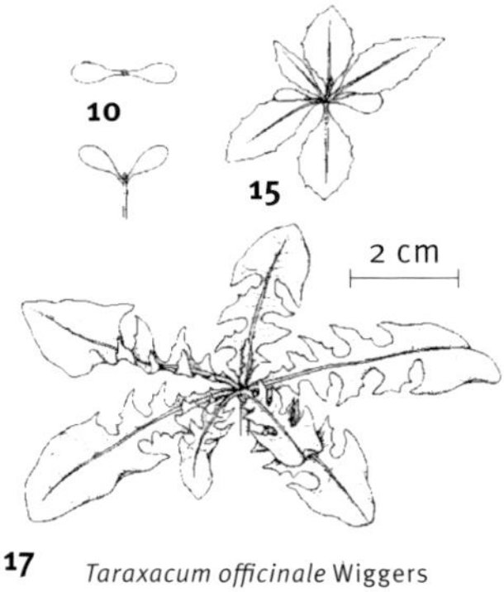

Taraxacum officinale Wiggers

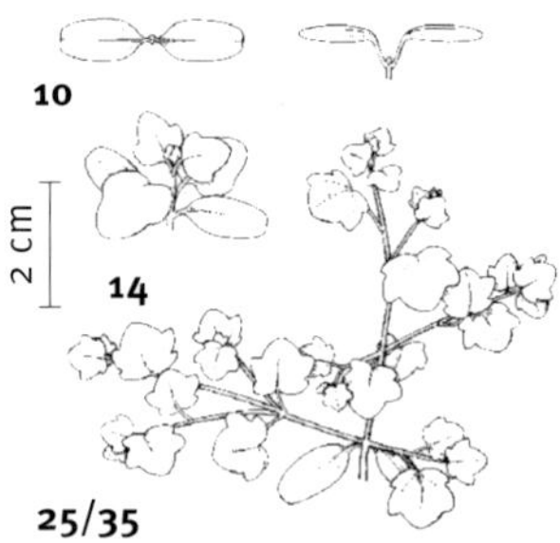

Veronica hederifolia L.